压力容器目视检测技术丛书

压力容器目视检测评定

王纪兵　李　军　宋文明　党兆凯　编著

U0318896

中国石化出版社

内 容 提 要

　　检验员在提高培训中总是希望能够在如何处理所发现缺陷方面得到帮助，本书正是因应这一需求，重点介绍对目视检测中发现的缺陷如何评定。本书所给出的评定方法路线适用于绝大部分压力容器缺陷的评定。

　　作为检验员的提高教材，本书除了详细介绍了目视检测缺陷的处理方法之外，还详细论述了检验方案和目视检测工艺规程的编制思路和编制方法。并给出了几种类型的压力容器目视检测案例，同时还对火灾后压力容器的目视检测及评定进行了详细介绍。

图书在版编目（CIP）数据

　　压力容器目视检测评定/王纪兵等编著 . —北京：中国石化出版社,2015. 6
　　（压力容器目视检测技术丛书）
　　ISBN 978−7−5114−3245−2

　　Ⅰ .①压… Ⅱ.①王… Ⅲ.①压力容器−检测−基本知识 Ⅳ.①TH49

　　中国版本图书馆 CIP 数据核字（2015）第 069212 号

中国石化出版社出版发行
地址:北京市东城区安定门外大街 58 号
邮编:100011　电话:(010)84271850
读者服务部电话:(010)84289974
http://www.sinopec-press.com
E-mail:press@ sinopec.com
北京富泰印刷有限责任公司印刷
全国各地新华书店经销

*

850×1168 毫米 32 开本 8. 25 印张 209 千字
2015 年 6 月第 1 版　2015 年 6 月第 1 次印刷
定价:26.00 元

前　　言

压力容器造成的灾难事故往往带来巨大的生命财产损失，因此，世界各国对压力容器的设计、制造以及安全运行非常重视，不仅制订了大量的设计制造标准，颁布了相应的压力容器安全管理和定期检验制度，而且还对相关从业人员的资格进行了严格规定。

随着国民经济的快速发展和压力容器设计制造技术水平的提高，我国已经建立了较完善的压力容器设计、制造标准体系，相应的安全管理和定期检验制度及其管理机构以及从业人员的资格管理体系。根据统计资料，近年来我国压力容器事故发生的概率不断减少，这其中管理机构和检验人员发挥了巨大作用，也充分证明压力容器检验对保证压力容器安全运行的重要作用。

压力容器的目视检测是压力容器检验中最重要的检测方法之一，它对保证压力容器安全运行的作用是毋庸置疑的，而目前关于压力容器目视检测的专著较少。为了满足广大检验工作者的实际需求，使检验工作者不再局限于自己的专业知识，能够博采众家之长，有效地提高检验水平，笔者编著了《压力容器目视检测技术丛书》。丛书包括《压力容器目视检测基础技术》、《压力容器目视检测评定》以及《压力容器目视检测缺陷分析》，希望通过这3本书，给出较为全面的压力容器目视检测技术体系。本书是该丛书中的第二册，是《压力容器目视检测基础技术》一书的技术延伸，目的是解决目视检测中发现缺陷后如何进行评定以及如何处理的问题。本书结合编著者们近30年在压力容器检验方面的经验，对压力容器目视检测中检出的缺陷如何评定进行了详细描述。

压力容器中的缺陷并不是完全不允许存在，什么样的缺陷允许存在，什么样的缺陷不允许存在，这个问题必须通过对缺陷的评定来回答。压力容器缺陷的评定方法并不是唯一的，评定的依据也各不相同。在本书中提出了标准评定、法规评定以及合于使用评定这三个评定层次（也称为三层评定），其中囊括了所有压力容器目视检测缺陷的评定方法。此外，书中不仅给出了三个评定层次的选用次序，还用图表详细论述了压力容器目视检测缺陷的三级评定方法，汇集了压力容器标准、法规中所有关于压力容器缺陷的评定要求，同时也明确给出了评定依据的出处，便于检验员进行查找。

本书对压力容器目视检测评定的讨论，解决了压力容器宏观检验缺陷评定的方法问题，可使检验人员基本掌握相关的缺陷评定方法，提高检验人员在压力容器检验工作中解决问题的能力。

在《压力容器目视检测技术基础》一书中，对人的眼睛在目视检测中的作用以及特点缺乏描述。本书中我们特意增加了压力容器目视检测原理一章，详细描述了眼睛在目视检测中的工作特性。作为《压力容器目视检测技术基础》一书的技术补充，本书对加氢反应器、焦炭塔、尿素合成塔、球形储罐、湿硫化氢环境容器等典型压力容器的目视检测方法进行了说明。还采用深入浅出、图文并茂的方式，详细论述了经过火灾的压力容器目视检测和评定的方法。

本书可作为检验员的工具书和压力容器中级检验人员的培训教材，也可以作为压力容器相关专业的参考书，而且也适合了解压力容器相关检测知识的从事压力容器制造、使用以及管理的人员阅读。

参加本书编著的有王纪兵、李军、宋文明、党兆凯，同时在各章节的写作中得到了侍吉清等人在资料方面的帮助，《石油化工设备》编辑部的杜金绳先生为本书做了大量的编辑和校对工作。著名压力容器专家寿比南先生欣然接受了作为本书审稿专家的邀请。甘肃蓝科石化高新装备股份有限公司为本书的编著提供了大力支持。在这里对他们表示深深的谢意。

由于编著者水平所限，书中错误在所难免，欢迎读者批评指正。

目　　录

1 压力容器目视检测原理

1.1 目视检测仪器——眼睛

众所周知，压力容器检验员的目视检测工作是利用眼睛的视觉效果来完成的。因此，压力容器目视检测最重要的仪器就是检验员的眼睛。

1.1.1 眼睛的构造

眼球可确定光的来源（来自太阳或人造光源），也可测量光的波长和强度，起频谱分析仪的作用。人眼睛的视网膜类似于一系列微波感光元件，每一个元件都通过单独的视神经连接到人的大脑，眼睛和大脑相连的视神经可被比拟为一束电缆。人类眼睛中视网膜上的杆状体和锥形细胞能感觉从约 400nm 到最高约 700nm 波长的光线。光线照射到被观察的物体上并反射到眼睛，光穿过可以改变形状的晶状体聚集并在眼睛背面的视网膜上成像。借助于视觉神经、视网膜上的杆状和锥状细胞的神经连接穿过眼球背面，神经信号被传送给大脑。人类通过大脑处理信号，分辨颜色并根据光线强度和颜色区分形状，然后进行分析、判断并作出反应。图 1-1 是人眼睛的构造示意图。

视觉的主要限制是光线的强度阈值、对比度、视角和时间阈值。

眼睛瞳孔的张开和闭合，可以改变到达视网膜的光的数量。眼睛能够产生图像需要有某一最少量的光线，这个最小值就是强度阈值。对比度就是在并排放置的图像之间显示差别。由于眼睛对亮度的百分比变化比其绝对变化更敏感，所以照明要求经常用比率表示。一个图像在视网膜上只会保存一段时间，图像保存的时间长短取决于物体的尺寸和移动速度。

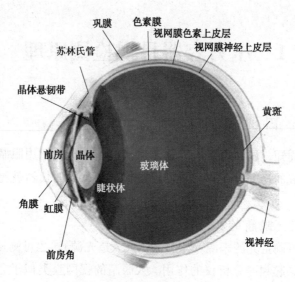

图 1-1　人类眼睛构造示意图

1.1.2　眼睛的视觉特性

视觉的敏锐度是区别非常小的细节的能力。当眼睛到物体的距离增大时，紧挨着的两条线被看作一条黑实线。当被观察的物体处在 (1/12)° 的对向弧长内时，正常的眼睛可以区分一个清晰的图像，与眼睛到物体的距离无关。

白光含有所有的颜色。牛顿提出颜色不是物体的一个特征，而是可被眼睛感觉为不同颜色的不同波长的光，颜色具有亮度、色调和饱和度这三个可测量的特性。物体的颜色范围从亮到暗，或多或少地发光，称之为亮度。不同的波长给我们不同的颜色感觉，这即是色调。与白色相对照，某物体绿的程度就是其绿色的饱和度。

视觉的敏锐度检查是对检验员认证的要求。目视检验员的自然视觉敏锐度必须经过检查。Jaeger（J）测试被用作近距离视觉敏锐度的检查。在有关人员从业资格认证的法规中对近距离视觉敏锐度的参数做了规定。视觉敏锐度的要求根据特定行业的要求而有不同。

光线、清洁度、形状、尺寸、温度、质地和反射系数等都对视觉敏锐度有影响。同时环境因素、生理因素、心理因素都会对目视检测产生影响。

1.1.3 视角和距离

一个人分辨物体能力的大小是由物体到眼睛的实际距离和眼睛能够分辨两点的分离角度决定的,这就是分辨能力。对于普通的眼睛,物体上两点的最小可分辨角度约为 1 弧分(Minute of Arc,MOA),1 弧分等于 1°的 1/60,即 $2\pi/21600$rad。这表明,距测试表面大约 300mm 时,预期的最高分辨率为 0.09mm;在 600mm,预期的最高分辨率在大约 0.18mm。为了获得最佳的目视检验结果,应使物体靠近眼睛并获得大的视角。研究资料证实,当眼睛到物体的距离小于 250mm 时,眼睛就不能够迅速调焦了。因此,直接目视检测最好在 250~600mm 距离的范围内进行。同样重要的是眼睛视线与检测面的平面之间的视角。从实际考虑,视线与测试表面的角度不应该小于 30°。目视检测标准中的相关规定,依据的就是这一原理。

1.2 压力容器目视检测的基本方法

目视检测是压力容器最基本和最常用的无损检测方法,压力容器目视检测的方法可以分为分辨法,比较法和测量法。实际上测量法的基础离不开分辨法和比较法,但是由于它在目视检测中地位重要,并且方法众多,所以将它单独作为一种独立的检测方法介绍。

1.2.1 分辨法

分辨法是压力容器目视检测方法中最基本的方法,顾名思义,分辨法就是对目视检测中观察到的现象进行辨识和区分。例如在压力容器目视检测中发现的表面裂纹、机械损伤、打磨后所留下的痕迹以及非损伤类的划痕都有着类似的表象,它们都是一道细线(图 1-2~图 1-4)。但是它们的性质却截然不同,表面裂纹是绝对不允许存在的危险性缺陷。机械损伤是一般性缺陷,是否允许其存在与其发生的部位、严重程度以及容器的用途等因素有关。而打磨后所留下的痕迹和非损伤类的划痕两种表象则不属于缺陷。因此，这就需要对目视检测中观察到的表象进行辨识和区分。

图 1-2　重锈皮示图

图 1-3　划痕示图

图 1-4　开裂示图

目视检测分辨法的前提是对已知缺陷有所认识，如果对缺陷毫无认识（压力容器目视检测缺陷的名称、解释见本书第 3 章中的3.1.1 节），则无法对缺陷进行辨识和区分。

分辨法就是检验员在了解缺陷的前提下，对目视检测中观察到的表象进行辨识和区分。分辨法中包括对缺陷类型的分辨和对缺陷产生部位的分辨。

1.2.2　比较法

比较法就是在检测中对所观察到的表象进行比较，通过比较来发现异常，从而发现缺陷。

目视检测的分辨法是以对缺陷的事先认识为前提的，但是并不是所有缺陷都会经常遇到，所以，即使是老检验员也不能保证一定能够了解所有的缺陷。因此比较法也是压力容器目视检测中的重要方法。例如在压力容器的目视检测中，找出经过返修补焊的部位是一项重要工作，它关系到后续无损检测手段的选用。找出返修补焊部位就必须采用比较法。还有过热类的缺陷只能通过比较法来发现。

压力容器目视检测中常用的比较法主要有以下 3 种：

（1）自比较　自比较就是对被检测压力容器上不同部位之间的比较，前面提到的查找返修部位和检查过热等采用的比较法都属于自比较检测方法。检查压力容器的局部变形大多数情况下都要用自比较检测方法。

检验员在进行目视检测的过程中，如发现某一处焊缝的形状与其他部位有明显的差异（图 1-5），就应该怀疑它可能曾经补焊过，这就是自比较。如果发现容器母材上的某一处颜色明显与其他部位不同，这里就可能有异常，过热就是用这种方法来检查的。

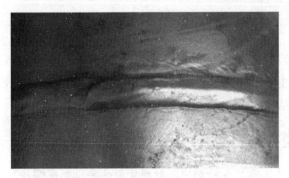

图 1-5　焊缝形状与其他部位有明显差异示图

（2）已知比较　已知比较检测方法指的是在检测中将观察到的表象与检验员知识中的已知缺陷进行比较。例如咬边缺陷，检验员必须知道咬边的基本特征，在检测中对发现的凹坑与记忆中的咬边进行比较，判断所发现的凹坑是不是咬边。

（3）互比较　互比较指的是在压力容器目视检测中，将被检测容器的局部与以前检测过的容器的相同部位进行比较。例如焊缝成型好坏就需要与曾经检测过的容器焊缝进行比较，否则无法判断检测的容器焊缝成型的好坏与否。

1.2.3　测量法

在压力容器目视检测中，测量法就是利用特定的测量工具对特定的缺陷进行检测的方法。

利用量具对容器的特定部位进行测量，以确定是否存在缺陷，或者缺陷是否超过标准的要求。因此，从严格意义上说测量法也是比较法的一种，并且分辨法和比较法确定的缺陷也必须测量其基本尺寸。但是压力容器中有一类缺陷必须通过测量来确定，例如焊缝错边量和棱角度要通过样板的测量来确定其是否超过标准规定，容器的整体变形必须通过测量法来检查，角焊缝的焊脚高度只能通过测量法检测才能确定它是不是合格，球壳和封头的形状是否合格也只能通过测量法来确定。

1.3　宏观检验

宏观检验是 TSG R7001—2010《压力容器定期检验规则》中的提法，其主要内容就是目视检测，但是宏观检验的外延比目视检测更大，包括利用听觉和触觉进行检验的内容。

习题

1. 压力容器目视检测中，对视觉的主要限制有哪些？
2. 影响视觉敏锐度的因素有哪些？
3. 直接目视检测的最佳距离范围是多少？
4. 直接目视检测的最佳角度范围是多少？
5. 用简图说明目视检测的最佳距离和角度。
6. 压力容器目视检测的基本方法有哪几种？
7. 简述压力容器目视检测的分辨法。

8. 简述压力容器目视检测的比较法。

9. 简述压力容器目视检测的测量法。

10. 哪种压力容器目视检测的方法必须借助测量工具？

11. 简述视觉主要限制对目视检测的影响。

12. 视觉敏锐度的影响因素在实施目视检测时如何考虑？

13. 宏观检验与目视检测有什么区别？

2 压力容器目视检测评定概论

2.1 压力容器目视检测缺陷的评定

在压力容器检验中，目视检测是宏观检验项目中最基本的也是最重要的检测方法。目视检测的缺陷检出率相当高，对隐患的发现作用极大。《压力容器目视检测基础技术》一书中，对压力容器目视检测的四个要素：检测哪些部位、检测什么、怎么检测以及记录内容进行了详细说明，但并没有介绍目视检测中发现缺陷后的处理方法。

由于压力容器制造过程的影响因素较多，因此任何一台压力容器总会存在一些缺陷。压力容器中的缺陷并不是不允许存在，问题是什么样的缺陷允许存在，什么样的缺陷不应该存在，其判断标准是什么？一般认为，压力容器中的缺陷是否允许存在的判断标准是该缺陷是否会影响其安全使用，会影响到什么程度？

压力容器中的缺陷是否会影响其安全使用和影响到什么程度这个问题必须通过压力容器的缺陷评定来回答。同理，压力容器目视检测中发现的缺陷也应通过对缺陷的评定来回答该缺陷是否允许存在。

2.2 压力容器目视检测缺陷的评定方法

目前，我国压力容器的法规和标准体系比较健全，尤其是设计和制造方面，几乎各种压力容器都有相应的标准，在制造标准中都对目视检测出的缺陷作出了相关规定，其中最重要的法规是 TSG R0004—2009《固定式压力容器安全技术监察规程》，最重要的标准是 GB 150—2011《压力容器》，在役压力容器的检验规则有 TSG

R7001—2013《压力容器定期检验规则》等。这些法规和标准构成了压力容器目视检测缺陷的评定基础。

根据我国压力容器的法规和标准的相关规定和笔者 30 多年的压力容器检验经验及研究结果，总结出压力容器目视检测缺陷评定可按三级评定法即：一级评定、二级评定以及三级评定进行。

2.2.1 一级评定方法

压力容器目视检测发现缺陷后，首先应做的是对照相关的法规和标准评判其是否合格。例如在一台容器的检测中发现该容器的焊缝错边量比较大，将错边量测量之后，首先与 GB 150—2011《压力容器》中的规定进行比较，如果超出了标准中的规定，那么这个错边量是不合格的。这种评定方法是按照制造标准评定，这是压力容器目视检测缺陷最基本的评定方法，称其为一级评定。

按照制造标准来评定检出的缺陷是否合格，为一级评定。在本章中，我们将综合国内各种压力容器的制造标准，尽可能全面地给出压力容器目视检测中各类缺陷比较全面的一级评定判据。

2.2.2 二级评定方法

一级评定判定不合格的缺陷，并不是都不允许存在。众所周知，制造标准反映了一个国家的工业水平，允许存在的缺陷大小是根据制造技术水平来定的。在保证压力容器的安全使用的前提下，标准中的规定是按行业的平均技术水平制定的。因此，许多标准中的规定相对于安全使用的要求过于严格，如果所有在役压力容器的缺陷都按照制造标准来评定，必然会对用户增加许多不必要的成本。

TSG R7001—2013《压力容器定期检验规则》对在役压力容器中按照制造标准不允许存在的可以另外进行评定的缺陷及其评定方法做出了相应的规定。仍然以错边量的检验为例，TSG R7001—2013 中规定，如果目视检测中发现错边量超标，应加大超标焊缝的无损检测，如果未发现因此而引起的其他缺陷，则此超标错边量不影响安全等级评定，也就是说允许该缺陷存在。许多在制造标准中不允许存在的缺陷，都允许在在役压力容器中存在，这样的评定我们称其为二级评定。

按照 TSG R7001—2013 第 4 章中的安全等级评定方法来评定检出的缺陷是否允许存在，为二级评定。

2.2.3 三级评定方法

二级评定不合格的缺陷是否允许存在或是否都应该进行修理，这涉及允许存在的风险和处理缺陷的成本之间的关系问题。如果修理成本过高，则可以通过更精确的方法来确定压力容器是否可以有条件地安全运行，并允许容器带缺陷运行。这样的评定方法在 TSG R0004—2009《固定式压力容器安全技术监察规程》和 TSG R7001—2013《压力容器定期检验规则》中称为合于使用评定。这样的评定我们称其为三级评定。

按照 TSG R0004—2009 和 TSG R7001—2013 的规定，对检出的缺陷进行合于使用评定，为三级评定。

2.3 压力容器目视检测缺陷的分类

压力容器的缺陷有许多种，不同的缺陷其评定方法也不同。在《压力容器目视检测基础技术》一书中，笔者曾结合 TSG R0004—2009 和 TSG R7001—2013 的要求给出了一张检测部位和应检查的缺陷对照表。现将其整理成压力容器目视检测部位及缺陷汇总表，见表 2-1。

从表 2-1 中可以看到缺陷产生的部位不同，缺陷可能产生的时间也不同，当然缺陷的性质亦不同。

对压力容器的缺陷进行分类可方便对其缺陷评定方法进行描述，但目前还没有权威的压力容器缺陷分类方法。为了方便地对压力容器各类目视检测缺陷的评定进行描述，本书对压力容器目视检测中可发现的缺陷按缺陷检出的部位及缺陷产生的时间进行分类。

表 2-1　压力容器目视检测部位及缺陷汇总表

序号	检查部位	须检查的缺陷
1	筒体、封头 接管 法兰	裂纹 鼓包 机械损伤、工卡具焊迹、电弧灼伤、飞溅、焊瘤、凹坑 变形 泄漏 过热 腐蚀 密封面损伤
2	对接焊接接头 角焊接接头	裂纹 咬边 气孔、夹渣 表面成型 焊缝余高、错边、棱角度、未填满 泄漏 腐蚀 焊脚高度
3	开孔补强	大开孔有无补强，补强板信号孔
4	支承或者支座	下沉、倾斜、开裂，直立压力容器和球形压力容器支柱的垂直度，多支座卧式压力容器的支座膨胀孔等
5	排放（疏水、排污）装置	堵塞、腐蚀、沉积物
6	检漏孔	堵塞、腐蚀、沉积物
7	衬里层 堆焊层	破损、腐蚀、裂纹或脱落 龟裂、剥离
8	安全附件	齐全、完好
9	密封紧固件	螺栓变形、开裂
10	隔热层	破损、脱落、潮湿

— 11 —

2.3.1 按缺陷检出的部位分类

对表 2-1 中的缺陷进行分析，可有以下特点。

（1）序号 1~3 中描述的是压力容器的主要受压元件，其评定内容涉及较多，如果评定不合格，缺陷处理的难度比较大。按照规定，许多缺陷的处理措施应该向监督部门告知。无论是容器的检验者、制造者和管理者都会对这些部位的缺陷非常重视，这些部位产生的缺陷称为关键部位缺陷，简称 A 类缺陷。

（2）序号 4~7 中所列内容均为非主要受压元件，其中发现的缺陷处理难度普遍小于主要受压元件的处理难度。对于这一类部位产生的缺陷，称其为一般部位缺陷，简称 B 类缺陷。

（3）序号 8~10 中所列的部件如果发现的缺陷评定不合格，可以直接修理或更换。这一类部位产生的缺陷统称为附属部位缺陷，简称 C 类缺陷。

缺陷的深度评定与成本有关，因此，对这三类缺陷选择评定方法的原则差异较大，应该分别确定评定路线。对于 A 类缺陷，在一级评定不合格时，大多会直接选择二级评定，如果二级评定仍不合格，应该根据成本与安全性之间的关系选择直接处理或进行三级评定（合于使用评定）。而对于 B 类缺陷，由于处理成本较低，在二级评定不合格后一般都选择直接处理。但随着压力容器尺寸规格的大型化，有些 B 类缺陷的处理成本也会很高，有时也需要进行三级评定。对于 C 类缺陷，则在一级评定不合格后直接选择处理。

2.3.2 按缺陷产生的时间分类

压力容器的缺陷也有先天缺陷和后天缺陷之分，这个差别将直接影响缺陷的处理原则。

先天缺陷指的是在容器使用前就存在的缺陷，是容器制造过程产生的缺陷或者是运输和安装过程中产生的缺陷。通常认为，如果在容器的运行过程中没有带来额外的隐患，这类缺陷的危险性是有限的。

后天缺陷指的是容器运行过程中产生的缺陷，包括容器在启用、停机过程中产生的缺陷。这一类缺陷如果任其发展，很可能危胁容器的安全运行。

表 2-1 中的机械损伤、工卡具焊迹、电弧灼伤、飞溅、焊瘤、凹坑、咬边、气孔、夹渣、表面成型差、焊缝余高过高、错边量超标、棱角度超标、焊缝未填满、焊脚高度不够等都属于先天缺陷，也就是容器开始运行前产生的缺陷。在这些先天缺陷中，凹坑是一类比较特殊的缺陷，因为容器在运行过程因腐蚀和冲刷等原因也会产生许多凹坑，因腐蚀和冲刷等原因产生的凹坑当然属于后天缺陷。另外一个特殊的缺陷是裂纹，压力容器不仅在制造过程中会产生各种裂纹缺陷，而且在运行中也可能产生裂纹缺陷，由于裂纹类缺陷的危险性极高，为了容器的安全运行和安全评定的需要，将其统一划归后天缺陷。

2.4 压力容器目视检测的评定步骤

图 2-1 是压力容器目视检测缺陷评定的流程图。从图中我们可以看出，有了对目视检测缺陷的分类，才使得目视检测缺陷的评定框图简单、清晰。否则按照每一种缺陷来绘制评定框图，将极其复杂，工作量也会很庞大。

2.4.1 按检出部位对缺陷分类

首先按照本章 2.3.1 节中介绍的目视检测缺陷分类方法，根据缺陷产生的部位，将缺陷分为 A 类、B 类、C 类。分类后的缺陷按照相应的流程进行评定。

2.4.2 C 类缺陷的评定

在本章 2.3.1 节中定义的 C 类缺陷，由于可方便地进行修理或更换，因此，发现此类缺陷可直接修理或更换零部件，处理后不影响容器的安全等级评定。这里所说是安全等级评定，指的是 TSG R7001—2013 中规定的在用压力容器安全等级评定。以下相同，不再另行解释。

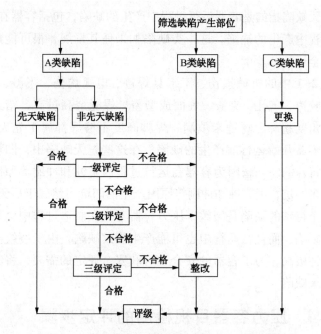

图 2-1 压力容器目视检测缺陷评定的流程框图

2.4.3 B 类缺陷的评定

在本章 2.3.1 节中定义的 B 类缺陷，处理难度较小，处理成本较低。因此，发现此类缺陷后一般都采取措施整改，整改后直接进行容器的安全等级评定。但有一些特殊情况，B 类缺陷也需要进行二级评定和三级评定，对于这一类缺陷的评定过程参见 A 类缺陷的评定流程。

2.4.4 A 类缺陷的评定

在本章 2.3.1 节中定义的 A 类缺陷的评定过程比较复杂，步骤如下。

（1）按照本章 2.3.2 节中介绍的方法将缺陷分为先天缺陷和后天缺陷。对这两类缺陷分别进行评定。

（2）对于先天缺陷采用一级评定，评定合格，则不影响安全等级评定。评定不合格则进行整改，整改后进行安全等级评定。

— 14 —

（3）对于后天缺陷，首先采用一级评定，如评定合格，则不影响安全等级评定。如评定不合格，可根据具体情况，选择二级评定或整改。一般情况下，都采用二级评定，很少直接整改。

（4）后天缺陷如果二级评定合格，则按照 TSG R7001—2013 进行安全等级评定。如果不合格，可根据具体情况选择整改或进行三级评定。选择的依据主要是处理成本与风险的比较。

（5）三级评定合格，可对容器进行安全等级评定。如果不合格，则必须进行整改，整改后进行安全等级评定。

习题

1. 压力容器中是否允许缺陷的存在？

2. 压力容器中允许什么样的缺陷存在？

3. 压力容器目视检测缺陷评定的依据是什么？

4. 本章中将目视检测缺陷的评定分为几级，它们的评定依据分别是什么？

5. 简述一级评定，说明一级评定的依据。

6. 简述二级评定，说明二级评定的依据。

7. 简述二级评定，说明三级评定的依据。

8. 简述为什么不能单凭一级评定来判断某一缺陷在压力容器中是否允许存在。

9. 对于二级评定不合格的缺陷，是否选择三级评定应考虑哪些因素？

10. 为什么要对压力容器目视检测缺陷进行分类？

11. 本章中的压力容器目视检测部位及缺陷汇总表是根据什么整理的？

12. 本章中描述的压力容器目视检测缺陷分类方法有几种？它们分别是按照哪些方面进行分类的？

13. 压力容器目视检测缺陷按检出部位分类，分为哪几类？

14. 简述 A 类缺陷的特点。

15. 简述 B 类缺陷的特点。

16. 简述 C 类缺陷的特点。

17. 压力容器目视检测缺陷按产生时间分类，分为哪几类？

18. 凹坑缺陷按产生时间分类属于哪一类？

19. 裂纹缺陷如何按时间分类，为什么？

20. 简述压力容器目视检测缺陷的评定步骤。

3 压力容器目视检测缺陷的一级评定

压力容器目视检测发现缺陷后，首先对照相关的法规和标准评判其是否合格。例如在一台容器的检测中发现该容器的焊缝错边量较大，则立即对其进行测量，然后将结果与 GB 150—2011《压力容器》中的规定进行比较，如果测得的值超出了该工况下标准中的规定值，那么这个错边量是不合格的。这种评定方法是按照制造标准评定，这是压力容器目视检测缺陷最基本的评定方法。

这种按照制造标准来评定检出的缺陷是否合格，即为一级评定。

压力容器的类型千差万别，功能也随应用场合而变化，其整个建造过程涉及冶金、结构设计、机械加工、焊接、热处理、无损检测等专业技术门类。可使用的材料有碳素钢、低合金钢、高合金钢、耐热钢、复合钢以及铝、铜、钛、镍、锆及其合金，还有非金属材料。制造方法有机械加工、焊接、锻制、钎焊等。从开始设计到制造完成，其中的每一个环节都受控于相应的法规标准。

压力容器目视检测缺陷的一级评定是按照制造标准评定，因此，压力容器目视检测缺陷一级评定的依据就是各种产品的相关制造标准对缺陷的相应要求。

3.1 压力容器的相关标准

3.1.1 我国压力容器法规标准体系

经过近几十年的发展与探索，我国已初步形成比较完备的压力容器五层结构的法规标准体系，即法律、行政法规、部门规章、安全技术规范以及引用标准。

（1）第一层次——法律

根据宪法和立法法的规定，我国法律由全国人民代表大会及其常委会制定，由中华人民共和国主席批准发布实施。因此，我国于2013年6月29日颁布的自2014年1月1日起施行的《中华人民共和国特种设备安全法》，就是由全国人民代表大会及其常务委员会负责制定并以中华人民共和国主席第4号令批准发布实施的。

我国特种设备分为承压和机电两大类，压力容器属于承压类特种设备。

（2）第二层次——行政法规

压力容器的行政法规包括两部分，一是由国家最高行政机关国务院制定的行政法规，二是各省、自治区、直辖市以及省会城市和较大城市的人民代表大会及其常务委员会制定的地方性法规。

（3）第三层次——部门规章

部门规章指国务院各部门和省、自治区、直辖市以及省会城市和较大城市的人民政府制定的部门规章。此处部门规章泛指以国家总局局长"令"的形式颁布的、行政管理性内容较突出的文件。

（4）第四层次——安全技术规范

压力容器安全技术规范——各项技术规程、规则，强制性国家标准是政府对压力容器的安全性能和相应的设计、制造、安装、改造、维修、使用和检验检测等所作出的一系列规定，是必须强制执行的文件。安全技术规范是压力容器法规标准体系的主体，其作用是把法律、法规和行政规章的原则规定具体化。是经过规定的编制、审定程序，以国家总局名义公布的文件。

安全技术规范大体可分为安全监察规程、管理规定和考核规则以及技术检验规则三大类。

（5）第五层次——安全技术规范引用标准

压力容器制造检验的最低要求在产品标准中规定，产品标准一旦被法规引用将成为强制性标准。压力容器定期检验的技术要求则主要由法规来规定。其他检验检测活动以基础标准作为依据。

技术法规是国家为保证压力容器产品的安全而设立的强制性法

规，在其管辖范围内的任何产品都必须遵守它的安全原则。技术标准是推荐性的，规定保证压力容器安全所必需的产品质量技术指标，可以指导压力容器的设计、建造、检验和验收，是压力容器产品建造和贸易中的技术评价平台。因此，技术标准与技术法规应该是总体协调的，但在作用和其他方面是有区别的。

技术法规规定所管辖的产品的最基本的安全要求。标准除了要符合这些基本要求之外，还要规定在工程上满足基本安全要求的具体方法和合格指标。技术法规的数量很少，管辖的范围很宽，与之配套的协调标准涉及到材料、设计计算方法、成形、焊接、无损检测、压力试验等一系列技术标准内容。

技术法规是国家行政法规的一部分，其内容相对稳定不变对行业的安全管理有利。协调标准是实现产品安全质量的技术规则，要与时俱进，随时反映行业的综合能力和相应技术的发展。图 3-1 是承压力类特种设备的标准体系框图。

3.1.2 压力容器目视检测法规标准

在压力容器建造的初期，产品建造的目的是为满足本国相应工业的需求，压力容器的生产技术也是以本国的基本生产条件为基础。生产技术的总结和统一安全质量的要求，使得国家依据自己的生产技术和管理要求制定出了适合于本国国情的相应安全法规和技术标准体系。根据《中华人民共和国特种设备安全法》的规定，我国压力容器属于特种设备，其设计、制造、安装、改造、维修、使用和检验检测等 7 个环节必须按照特种设备安全技术法规和相应的标准进行。

3.1.2.1 法律和安全技术规范

在压力容器的检验检测活动中，所依据的法律是《中华人民共和国特种设备安全法》，所依据的安全技术规范有以下几个：

（1）TSG R0001—2004《非金属压力容器安全技术监察规程》。

（2）TSG R0002—2005《超高压容器安全技术监察规程》。

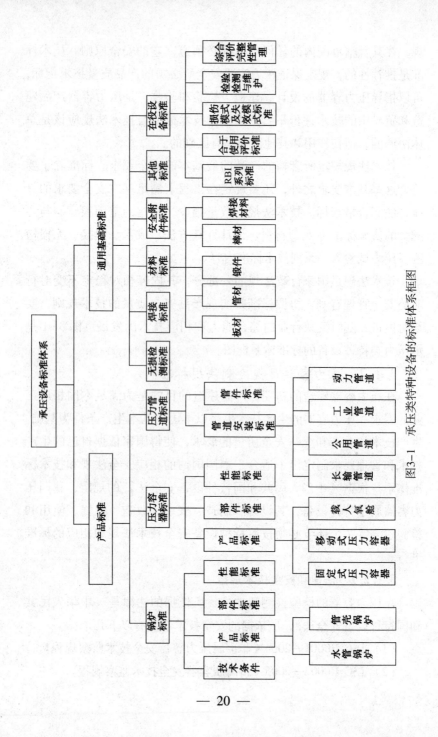

图3-1 承压类特种设备的标准体系框图

（3）TSG R0003—2007《简单压力容器安全技术监察规程》。

（4）TSG R0004—2009《固定式压力容器安全技术监察规程》。

（5）TSG R0005—2011《移动式压力容器安全技术监察规程》。

（6）TSG R0009—2001《车用气瓶安全技术监察规程》。

（7）TSG R7001—2013《压力容器定期检验规则》。

3.1.2.2 技术标准

我国压力容器技术标准有国家标准（GB）和行业标准，行业标准常用的有机械行业标准（JB）、能源行业标准（NB）、化工行业标准（HG）、石油化工行业标准（SH）、石油天然气行业标准（SY）等。这些标准规定了压力容器设计制造、材料、检验试验等几个方面的最低要求。以下是与检验有关的国家标准（GB）、机械行业标准（JB）、能源行业标准（NB）以及石油天然气行业标准（SY）。国家标准（GB）中包括设计制造标准和检验试验标准两部分。

（1）设计制造标准

——GB 150—2011《压力容器》。

——GB/T 151—2014《热交换器》。

——GB 12337—1998《钢制球形储罐》。

（2）检验试验标准

——GB/T 19624—2004《在用含缺陷压力容器安全评定》。

机械行业标准（JB）有以下压力容器设计、制造标准：

——JB/T 4710—2005《钢制塔式容器》。

——JB/T 4731—2005《钢制卧式容器》。

——JB 4732—1995《钢制压力容器——分析设计标准》。

能源行业（NB）有以下压力容器检验试验标准：

——NB/T 47013.7—2011《承压设备无损检测 第7部分：目视检测》。

——NB/T 47013.8—2011《承压设备无损检测 第8部分：泄漏检测》。

——NB/T 47013.9—2011《承压设备无损检测 第 9 部分：声发射检测》。

——NB/T 47013.10—2010《承压设备无损检测 第 10 部分：衍射时差法超声检测》。

石油天然气行业（SY）有以下压力容器检验试验标准：

——SY/T 6507—2010《压力容器检验规范 在役检验、定级、修理和改造》。

——SY/T 6552—2011《石油工业在用压力容器检验》。

——SY/T 6653—2006《基于风险的检查（RBI）推荐作法》。

3.2　压力容器目视检测缺陷的合格标准

根据压力容器缺陷所在位置，可将其分为表面缺陷和埋藏缺陷。顾名思义，表面缺陷指存在于压力容器本体内、外表面的缺陷，埋藏缺陷指存在于容器材料内部的缺陷。目视检测发现的只能是表面缺陷，埋藏缺陷须借助于无损检测或解体检测才能发现。压力容器目视检测缺陷分类见本书第 2 章表 2-1。

在压力容器定期检验中，当目视检测发现了表 2-1 中的各类缺陷后，首先根据相应的法规、标准判断这些缺陷是否合格。针对同一种缺陷，各相关法规、标准都有各自的合格指标。根据本书第 2 章压力容器目视检测缺陷的三级评定方法，按照制造标准如 GB 150—2011《压力容器》来判定缺陷是否合格，属于一级评定；按照在用压力容器检验规范如 TSG R7001—2004《压力容器定期检验规则》来判定缺陷是否允许存在，属于二级评定；按照 GB/T 19624—2004《在用含缺陷压力容器安全评定》及其他标准对缺陷进行合于使用评定，则属于三级评定。本章主要涉及一级评定和二级评定，并按本书第 1 章将各类目视检测缺陷按检出部位分类为 A 类缺陷、B 类缺陷、C 类缺陷的分类方法，以第 2 章表 2-1 中的各类目视检测缺陷为主，列出了对同一种缺陷有明确规定的法规、标准及其规定。

因考虑是摘录原文，故各标准、规范原文中对应缺陷的条款以仿宋字体引用，各条款的序号及其中的图号、表号与标准原文相同，没有重新编排。

3.2.1 A 类缺陷的合格标准

3.2.1.1 压力容器筒体、封头和接管以及法兰的目视检测

（1）裂纹

表面裂纹是在用压力容器常见的缺陷，它是造成压力容器失稳的危害性最大的缺陷。需要指出，低合金高强度钢制的压力容器更易产生表面裂纹。各相关标准一般都不允许压力容器筒体、封头、接管、法兰的表面存在裂纹。下面是压力容器相关标准针对表面裂纹的规定。

① GB 713—2008《锅炉和压力容器用钢板》规定：

6.6.1 钢板表面不允许存在裂纹、气泡、结疤、折叠和夹杂等对使用有害的缺陷。钢板不得有分层。

如有上述表面缺陷，允许清理，清理深度从钢板实际深度算起，不得大于钢板厚度公差之半，并应保证清理处钢板的最小厚度。缺陷清理处应平滑无棱角。

② HG/T 20584—2011《钢制化工容器制造技术要求》规定：

5.0.5 受压元件用钢板的表面质量应符合下列各条要求，容器制成后的钢板表面质量也应符合此要求。

1 钢板表面允许存在深度不超过厚度负偏差之半且不得小于允许的最小厚度的划痕、轧痕、麻点、氧化皮脱落后的粗糙等局部缺陷。

2 深度超过以上规定的缺陷，以及任何拉裂、气泡、裂纹、结疤、折叠、压入氧化皮、夹杂、焊痕、弧坑、飞溅等均应予以打磨清除。清除打磨的面积应不大于钢板面积的30%，打磨的凹坑应与母材圆滑过渡，斜度不大于1:3。

5.0.6 受压锻件的尺寸、表面质量等应符合以下各项要求。

锻件表面允许存在深度不大于公称厚度的 5% 或 1.5mm（取其小者）且长度不大于 20mm 的重皮、结疤、切削刀痕等表面不规整缺陷，但裂纹之类呈尖锐切口状的缺陷（锻件的机加工表面除外），不论深度、长度尺寸如何，均应清除。

③ GB 12337—1998《钢制球形储罐》规定：

7.1.2 每块球壳板均不得拼接且表面不允许存在裂纹、气泡、结疤、折叠和夹杂等缺陷。球壳板不得有分层。

④ HG 21607—1996《异形筒体和封头》规定：

7.0.1 封头表面应光滑，不得有防碍使用的腐蚀、裂纹、疤痕等缺陷，以及严重的轧痕和机械损伤。

⑤ JB/T 4700—2000《压力容器法兰分类与技术条件》规定：

6.6.2 法兰表面不得有裂纹及其他降低法兰强度或连接可靠性的缺陷。

⑥ GB 19189—2003《压力容器用调质高强度钢板》规定：

5.5.1 钢板表面不允许存在裂纹、气泡、结疤、折叠和夹杂等缺陷。钢板不得有分层。如有上述表面缺陷，允许清理，清理深度从钢板实际深度算起，不得超过钢板厚度公差之半，并应保证钢板的最小厚度。缺陷清理处应平滑无棱角。

裂纹是对压力容器安全运行危害最大的缺陷。不论是一级评定（制造标准），还是二级评定（在用检验标准），均不允许任何裂纹存在。在用压力容器定期检验中发现的裂纹，如果确实因工期要求或结构所限、环境所限等原因不能立即进行修理时，必须进行合于使用评价即三级评定（在用含缺陷压力容器安全评定标准），以确定在裂纹存在的情况下容器能否继续安全使用。

（2）机械损伤、工卡具焊迹、电弧灼伤、飞溅、焊瘤、凹坑

压力容器本体上存在的机械损伤、工卡具焊迹、电弧灼伤、飞溅、焊瘤、凹坑等缺陷使压力容器局部结构突变，可造成应力集中，与运行中介质的应力叠加，易产生裂纹等缺陷。因此各相关标准对

容器本体，即筒体、封头、接管、法兰的机械损伤、工卡具焊迹、电弧灼伤、飞溅、焊瘤、凹坑等缺陷是否允许存在及允许存在的条件，都有规定。以下是相关标准和规范中的要求。

① HG/T 20584—2011《钢制化工容器制造技术要求》规定：

见本章 3.2.1.1 节内容。

② GB 150.4—2011《压力容器 第 4 部分：制造、检验和验收》规定：

6.2.1 制造中应避免材料表面的机械损伤。对于尖锐伤痕以及不锈钢容器耐腐蚀表面的局部伤痕、刻槽等缺陷予以修磨，修磨斜度最大为 1:3，修磨的深度应不大于该部位钢材厚度的 5%，且不大于 2mm，否则应予补焊。

③ SH/T 3074—2007《石油化工钢制压力容器》规定：

8.1.2.1 容器用钢板表面的划痕、轧痕、麻点、氧化皮脱落后的粗糙等局部缺陷的深度，不得超过厚度负偏差的 1/2。

④ HG/T 2806—2009《奥氏体不锈钢压力容器制造管理细则》规定：

6.26 不锈钢压力容器的表面如有局部刻痕或划伤等影响耐腐蚀性能的缺陷，必须修复。

7.2 压力容器表面的焊接飞溅物、熔渣、氧化皮、焊疤、油污等杂质均应清除干净，清除过程中不得使用碳钢刷清理不锈钢压力容器的表面。

⑤ GB/T 18442.4—2011《固定式真空绝热深冷压力容器 第 4 部分：制造》规定：

5.4 对于尖锐伤痕以及不锈钢表面的局部伤痕、刻槽等缺陷应予以修磨，修磨范围的斜度最大为 1:3，修磨的深度应不大于该部位钢材厚度的 5% 且不大于 2mm，否则应予补焊。

⑥ SH/T 3512—2002《球形储罐工程施工及工艺标准》规定：

5.2.1 b) 球壳板不得有裂纹、气泡、结疤、折叠、夹杂和压入的氧化铁皮等缺陷。

⑦ JB 4732—1995《钢制压力容器——分析设计标准》规定：

11.2.4.13　制造中应避免钢板表面的机械损伤，对尖锐伤痕应进行修磨并使修磨范围内的斜度至少为 1:3，修磨处的厚度应不小于设计厚度。超出以上要求时应按 11.3.5 条的规定进行焊补。不锈钢容器的表面如有局部伤痕、刻槽等影响耐腐蚀性能的缺陷应予修磨。修磨范围内的斜度至少为 1:3，修磨处的厚度应不小于设计厚度。对于复合板复层，其修磨深度不大于钢板复层厚度的 30%，且不大于1mm。超出以上要求时应按 11.3.5 条的规定进行焊补。

11.3.4　禁止在容器的非焊接部位引弧。因电弧擦伤而产生的弧坑、焊疤以及因切割工具、拉筋板等临时性附件后遗留的焊疤须修磨平滑。

⑧ GB/T 25198—2010《压力容器封头》规定：

6.3.10　封头直边部分不得存在纵向皱折。封头切边后，用直尺测量半球形、椭圆形、碟形、平底形及锥形封头的直边高度，当封头公称直径 $DN \leqslant 2000$mm 时，直边高度 h 为 25mm；当封头公称直径 $DN > 2000$mm 时，直边高度 h 为 40mm，直边高度公差为（$-5\%\sim$ 10%）h。

机械损伤、凹坑类缺陷造成容器表面结构不连续，并使壁厚减小。对于在制容器，如果按照制造标准要求进行修磨并满足其合格条件，则修磨后允许存在。对于在用容器，按照 TSG R7001—2004《压力容器定期检验规则》进行修磨并评定安全状况等级。工卡具焊迹、电弧灼伤、飞溅、焊瘤等缺陷一般应清除并圆滑过渡。

（3）结构

压力容器的常规设计，是以回转薄壳的无力矩理论为基础的，该理论假定壳体的厚度、中面曲率和载荷连续，没有突变，且构成壳体的材料的物理性能相同。因此，压力容器使用最普遍的是圆筒形结构，容器由一个圆筒和两端封头（或端板）组成。由于生产工艺需要，容器上某些部位要制成可拆卸连接结构，即法兰连接结构。通过螺栓和垫片的紧密连接与密封，保证容器不致发生泄漏。

统计表明，造成压力容器破坏的主要原因有两个：一是缺陷，二是应力。这两个原因都和结构有关。

压力容器的结构设计应遵循以下原则：结构不连续处应平滑过渡；引起应力集中或削弱强度的结构应相互错开，避免高应力叠加；避免采用刚性过大的焊接结构；受热系统及部件的胀缩不要受限制。

各相关标准、规范对压力容器结构设计的要求及规定如下。

① HG/T 20583—2011《钢制化工容器结构设计规定》规定：

6.2.1 中、低压压力容器的封头型式宜优先采用标准型椭圆形封头，必要时也可采用蝶形封头、折边锥形封头和球冠形封头，标准型封头可按 GB/T 25198—2010《压力容器封头》和 JB/T 4746—2002《钢制压力容器用封头》选用。

6.2.3 直径较大（$DN>4000$ 时）的低压压力容器的封头，可采用先成型后拼焊形式。

② 国质检锅［2003］194 号《锅炉压力容器制造许可条件》规定：

第五十四条 设计要求

（七）压力容器筒体与筒体、筒体与封头之间的连接以及封头的拼接不允许采用搭接结构，也不允许存在十字焊缝。

（八）内径大于等于 500mm 的压力容器应设置一个人孔或二个手孔（当容器无法开人孔时）（夹套容器、换热器和其他不允许开孔的容器除外）。

（九）压力容器的快开门（盖）应装设安全联锁装置。

③ GB 150.4—2011《压力容器 第 4 部分：制造、检验和验收》规定：

6.5.6 法兰面应垂直于接管或圆筒的主轴中心线。接管和法兰的组件与壳体组装应保证法兰面的水平或垂直（有特殊要求的，如

— 27 —

斜接管应按图样规定），其偏差均不得超过法兰外径的 1%（法兰外径小于 100mm 的，按 100mm 计算），且不大于 3mm。

法兰的螺栓孔应与壳体主轴线或铅垂线跨中布置（见图 8）。有特殊要求时，应在图样上注明。

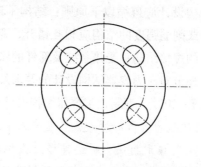

图 8　法兰螺栓孔的跨中布置

6.5.7　直立容器的底座圈、底板上地脚螺栓孔应均布，中心圆直径允差、相邻两孔弦长允差和任意两孔弦长允差均不大于±3mm。

（4）鼓包

TSG R7001—2004《压力容器定期检验规则》对鼓包有如下规定：

第四十七条　使用过程中产生的鼓包，应当查明原因，判断其稳定状况，如果能查清鼓包的起因并且确定其不再扩展，而且不影响压力容器安全使用的，可以定为 3 级；无法查清起因时，或者虽查明原因但仍会继续扩展的，定为 4 级或者 5 级。

（5）变形

压力容器的形状偏差破坏了容器的回转薄壳结构，导致结构突变，应力集中，易产生稳定性失效。相关标准和规范对变形规定如下。

①GB 150.4—2011《压力容器 第 4 部分：制造、检验和验收》规定：

6.4.2　用带间隙的全尺寸的内样板检查椭圆形、蝶形、球形封

— 28 —

头内表面的形状偏差（见图2），缩进尺寸为（3%~5%）D_i，其最大形状偏差外凸不得大于1.25% D_i，内凹不得大于0.625% D_i。检查时应使样板垂直于待测表面。对图1所示的先成形后拼接制成的封头，允许样板避开焊缝进行测量。

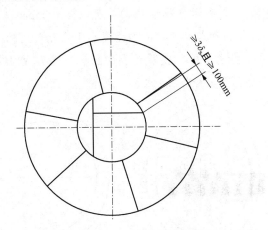

图1　分瓣成形凸形封头的焊缝位置

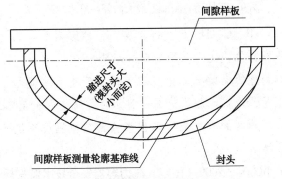

图2　凸形封头的形状偏差检查

6.5.4　除图样另有规定外，筒体直线度允差应不大于筒体长度（L）的1‰。当直立容器的壳体长度超过30m时，其筒体直线度允差应不大于（0.5L/1000）+15。

注：筒体直线度检查是通过中心线的水平和垂直面，即沿圆周0°、90°、

— 29 —

180°、270°四个部位进行测量。测量位置与筒体纵向接头焊缝中心线的距离不小于100mm。当壳体厚度不同时，计算直线度时应减去厚度差。

6.5.10 容器组焊完成后，应检查壳体的直径，要求如下：

a）壳体同一断面上最大内径与最小内径之差，应不大于该断面内径 D_i 的1%（对锻焊容器为1‰），且不大于25mm（见图9）；

b）当被检断面与开孔中心的距离小于开孔直径时，则该断面最大内径与最小内径之差，应不大于该断面内径 D_i 的1%（对锻焊容器为1‰）与开孔直径的2%之和，且不大于25mm。

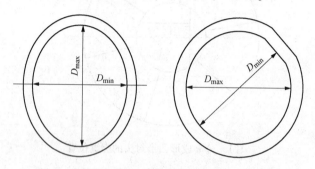

图9 壳体同一断面上最大内径与最小内径之差

8.2.6.5 B、C、D、E类焊接接头，球形封头与圆筒连接接头以及缺陷焊补部位，允许采用局部热处理……

局部热处理的有效加热范围应确保不产生有害变形，当无法有效控制变形时，应扩大加热范围，例如对圆筒全周长范围进行加热；同时，靠近加热区的部位应采取保温措施，使温度梯度不至影响材料的组织和性能。

② TSG R0004—2009《固定式压力容器安全技术监察规程》规定：

4.7.6.2 液压试验合格标准

进行液压试验的压力容器，符合下列条件为合格：（1）无渗漏；（2）无可见的变形；（3）试验过程中无异常的响声。

（6）泄漏

在制压力容器的泄漏，只有在耐压试验和泄漏试验时才有可能发生。耐压试验的目的是考验容器的宏观强度，检验焊接接头的致密性以及密封结构的密封性能。有特殊要求的容器还需要进行泄漏试验。在压力容器投用后的运行过程中，介质的腐蚀导致容器壁厚减薄、密封结构失效、气孔、裂纹、裂缝等都会导致泄漏，甚至造成事故。容器使用单位的日常巡检和维护是发现泄漏的最主要途径。

TSG R0004—2009《固定式压力容器安全技术监察规程》对泄漏情况有如下规定：

4.8.1　需要进行泄漏试验的条件

（1）耐压试验合格后，对于介质毒性程度为极度、高度危害或者设计上不允许有微量泄漏的压力容器，应当进行泄漏试验；

（2）设计图样要求做气压试验的压力容器，是否需再做泄漏试验，应当在设计图样上规定。

4.8.2　泄漏试验种类

泄漏试验根据试验介质的不同，分为气密性试验以及氨检漏试验、卤素检漏试验和氦检漏试验等。试验方法的选择，按照设计图样和本规程引用标准要求执行。

（7）过热

对在制压力容器及其元件，过热是指热处理过程中加热温度过高或加热时间过长，导致奥氏体晶粒过分长大，降低了材料的力学性能。对在用压力容器，过热是指高温容器运行期间的实际壁温超过了设计温度并使局部颜色发生变化。目视检测发现在用压力容器的局部过热现象后，应进一步采取金相检测、硬度检测、化学成分分析等检验方法，以确定容器材料是否劣化。

TSG R7001—2004《压力容器定期检验规则》对过热有以下规定：

第十五条　压力容器本体及运行状况的检查主要包括以下内容：

（二）压力容器的本体、接口（阀门、管路）部位、焊接接头等是否有裂纹、过热、变形、泄漏、损伤等。

（8）腐蚀

对于在制压力容器，除了腐蚀试验、耐压试验，一般很少发生腐蚀。腐蚀主要发生在压力容器的使用过程中。定期检验中目视检测的重点就是要检测是否发生腐蚀及腐蚀的程度。相关标准、规范对压力容器的腐蚀有如下规定。

① TSG R0004—2009《固定式压力容器安全技术监察规程》规定：

4.9.3 不锈钢和有色金属制压力容器

（3）有耐腐蚀、防腐蚀要求的压力容器或者受压元件，按照设计图样要求进行表面处理，例如对奥氏体不锈钢表面进行酸洗、钝化处理。

② GB 150.4—2011《压力容器 第4部分：制造、检验和验收》规定：

7.4.5 有特殊耐腐蚀要求的容器或受压元件，返修部位仍需保证不低于原有的耐腐蚀性能。

③ HG/T 2806—2009《奥氏体不锈钢压力容器制造管理细则》规定：

6.26 不锈钢压力容器的表面如有局部刻痕或划伤等影响耐腐蚀性能的缺陷，必须修复。

7.8 凡是有抗腐蚀要求的不锈钢及复合不锈钢制压力容器或受压元件应进行酸洗、钝化处理，酸洗、钝化应以浸蚀为主，亦可采用湿拖法、酸洗钝化膏剂涂抹法等其他方法。

3.2.1.2 焊接接头的目视检测

JB/T 4708—2000《钢制压力容器焊接工艺评定》对焊接接头的定义是：由两个或两个以上零件用焊接组合或已经焊合的接点，检验接头性能应考虑焊缝、熔合区、热影响区甚至母材等不同部位的相互影响。由此可知，焊接接头应包括焊缝、熔合区、热影响区。焊缝两侧的母材在焊接时会受到焊接热循环作用而发生组织和性能变化，这一区域被称为热影响区。焊接时因工件材料、焊接材料、焊接电流等不同，焊后在焊缝和热影响区可能产生过热、脆化、淬硬或软化现象，使焊件性能下降，也容易产生各类焊接缺陷。因此，焊接接头是我们目视检测的重点部位。

（1）裂纹、咬边、未焊透、未熔合、气孔、夹渣、未填满、飞溅物

焊接接头的表面缺陷，使焊接接头实际厚度减薄、致密性降低，产生应力集中，可导致压力容器在运行过程中容易在焊缝处产生破坏。各标准、规范对焊接接头表面缺陷的要求如下。

① TSG R0004—2009《固定式压力容器安全技术检察规程》规定：

4.4.2 焊接接头的表面质量：

（1）不得有表面裂纹、表面气孔、弧坑、未填满和肉眼可见的夹渣等缺陷；

（5）咬边及其他表面质量，应当符合设计图样和本规程引用标准的规定。

② GB 150.4—2011《压力容器 第4部分：制造、检验和验收》规定：

7.3.3 焊接接头表面应按相关标准进行检查，不得有表面裂纹、未焊透、未熔合、表面气孔、弧坑、未填满、夹渣和飞溅物；焊缝与母材应圆滑过渡；角焊缝的外形应凹形圆滑过渡。

7.3.4 下列容器的焊缝表面不得有咬边：

a）标准抗拉强度下限值 $R_m \geqslant 540MPa$ 低合金钢材制造的容器；

b）Cr-Mo 低合金钢制造的容器；

c）不锈钢材料制作的容器；

d）承受循环载荷的容器；

e）有应力腐蚀的容器；

f）低温容器；

g）焊接接头系数 φ 为1.0的容器（用无缝钢管制造的容器除外）。

其他容器焊缝表面的咬边深度不得大于0.5mm，咬边连续长度不得大于100mm，焊缝两侧咬边的总长不得超过该焊缝长度的10%。

③ GB/T 18442.4—2011《固定式真空绝热深冷压力容器 第4部分：制造》规定：

8.4.1 焊接接头的表面不得有表面裂纹、未焊透、未熔合、表面气孔、弧坑、未填满、夹渣和飞溅物。

④ GB/T 25198—2010《压力容器封头》规定：

6.2.6 先拼板后成形的凸形封头内表面拼接焊缝以及影响成形质量的外表面拼接焊缝，在成形前应将焊缝余高打磨至与母材齐平。锥形封头成形前应将过渡部分内外表面的焊缝余高打磨至与母材齐平。

6.2.7 对于未打磨焊缝余高的要求，应符合相应标准的规定。

6.2.8 封头焊接接头表面不得有裂纹、咬边、气孔、弧坑和飞溅物。

⑤ SH/T 3512—2002《球形储罐工程施工及工艺标准》规定：

5.2.1 d) 焊缝表面无熔渣，两侧无飞溅物，焊缝宽窄均匀、无咬边，余高符合要求。焊接接头无裂纹、弧坑、气孔和夹杂。角焊缝焊脚尺寸符合图样要求。

⑥ JB 4732—1995《钢制压力容器——分析设计标准》规定：

11.3.3.3 焊接接头的焊缝表面不得有裂纹、气孔、咬边、弧坑和夹渣等缺陷，并不得保留有熔渣与飞溅物。

（2）错边量、棱角度、不等厚板削边

压力容器焊接接头的错边量超标、棱角度超标、不等厚板未按规定削边都属结构不合理，易引起局部应力集中。相关标准、规范对压力容器焊接接头错边量、棱角度、不等厚板削边的要求如下。

① TSG R0004—2009《固定式压力容器安全技术监察规程》规定：

4.4 外观要求

4.4.1 壳体和封头的外观与几何尺寸

壳体和封头的外观与几何尺寸检查的主要项目如下，检查方法及其合格指标按照设计图样和本规程引用标准要求：

（2）单层筒（含多层及整体包扎压力容器内筒）、球壳和封头的纵、环焊缝棱角度与对口错边量；

（6）不等厚对接的过渡尺寸。

4.4.2　焊接接头的表面质量：

（4）按疲劳分析设计的压力容器，应当去除纵、环焊缝的余高，使焊缝表面与母材表面平齐。

4.9.1　锻焊式压力容器

（3）筒体表面应当进行机加工，其形状尺寸公差（棱角度、错边量、圆度、不等厚对接等）应当符合设计图样和本规程引用标准要求。

② GB 150.4—2011《压力容器 第4部分：制造、检验和验收》规定：

6.5.1　A、B类焊接接头对口错边量b（见图3）应符合表1的规定。锻焊容器B类焊接接头对口错边量b应不大于对口处钢材厚度δ_s的1/8，且不大于5mm。

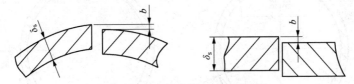

图3　A、B类焊接接头对口错边量

表1　A、B类焊接接头对口错边量　　　　　　　　mm

对口处钢材厚度 δ_s	按焊接接头类别划分对口错边量 b	
	A类焊接接头	B类焊接接头
≤12	≤1/4δ_s	≤1/4δ_s
>12~20	≤3	≤1/4δ_s
>20~40	≤3	≤5
>40~50	≤3	≤1/8δ_s
>50	≤1/16δ_s，且≤10	≤1/8δ_s，且≤20

球形封头与圆筒连接的环向接头以及嵌入式接管与圆筒或封头对接连接A类接头，按B类接头的对口错边量要求。

复合钢板的对口错边量 b（见图 4）不大于钢板复层厚度的 50%，且不大于 2mm。

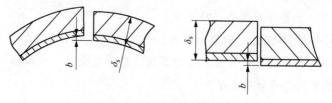

图 4　复合钢板 A、B 类焊接接头对口错边量

6.5.2　在焊接接头环向、轴向形成的棱角 E，宜分别用弦长等于 $1/6D_i$，且不小于 300mm 的内样板（或外样板）和直尺检查（见图 5、图 6），其 E 值不得大于（$\delta_s/10+2$）mm，且不大于 5mm。

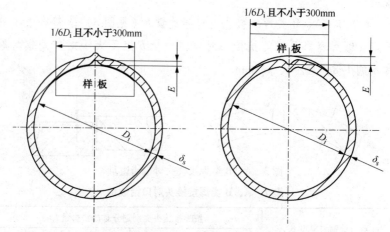

图 5　焊接接头处的环向棱角

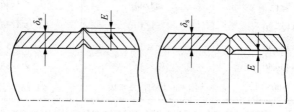

图 6　焊接接头处的轴向棱角

6.5.3 B 类焊接接头以及圆筒与球形封头相连的 A 类焊接接头，当两侧钢材厚度不等时，若薄板厚度 $\delta_{s1} \leqslant 10\,mm$，两板厚度差超过 3mm；或薄板厚度 $\delta_{s1} > 10\,mm$，两板厚度差大于薄板厚度的 30%，或超过 5mm 时，均应按图 7 的要求单面或双面削薄厚板边缘，或按同样要求采用堆焊的方法将薄板边缘焊成斜面。

当两板厚度差小于上列数值时，则对口错边量 b 按 6.5.1 的要求，且对口错边量 b 以较薄板厚度为基准确定。在测量对口错边量 b 时，不应计入两板厚度的差值。

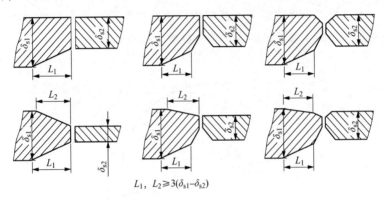

$$L_1,\ L_2 \geqslant 3(\delta_{s1} - \delta_{s2})$$

图 7 不等厚度的 B 类焊接接头以及圆筒与
球形封头相连的 A 类焊接接头连接型式

（3）焊接接头位置、表面成形和外形尺寸、焊脚高度

焊接接头交叉或距离太近，有可能使其产生的应力叠加，造成很大的应力集中；焊缝表面成形不良、存在凹坑或突起以及弯曲不直都能造成应力集中；外形尺寸、焊脚高度过小，可使强度不足，过大则导致应力集中。相关标准、规范对压力容器焊接接头位置、表面成形和外形尺寸、焊脚高度的要求如下。

① TSG R0004—2009《固定式压力容器安全技术监察规程》规定：

4.2.3 压力容器制造组装

压力容器制造中不允许强力组装，不宜采用十字焊缝。

4.4.2 焊接接头的表面质量：

（2）焊缝与母材应当圆滑过渡；

（3）角焊缝的外形应当凹形圆滑过渡；

② GB 150.4—2011《压力容器 第4部分：制造、检验和验收》规定：

6.4.1 封头各种不相交的拼接焊缝中心线间距离至少应为封头钢材厚度 δ_s 的3倍，且不小于100mm。凸形封头由成形的瓣片和顶圆板拼接制成时，瓣片间的焊缝方向宜是径向的和环向的，见图1。

先拼板后成形的封头，其拼接焊缝的内表面以及影响成形质量的拼接焊缝的外表面，在成形前应打磨与母材齐平。

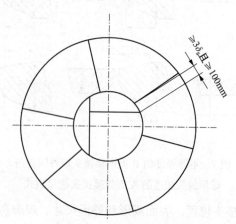

图1 分瓣成形凸形封头的焊缝位置

6.5.5 组装时，壳体上焊接接头的布置应满足以下要求：

a）相邻筒节A类接头间外圆弧长，应大于钢材厚度 δ_s 的3倍，且不小于100mm；

b）封头A类拼接接头、封头上嵌入式接管A类接头、与封头相邻筒节的A类接头相互间的外圆弧长，均应大于钢材厚度 δ_s 的3倍，且不小于100mm；

c）组装筒体中，任何单个筒节的长度不得小于300mm；

d）不宜采用十字焊缝。

注：外圆弧长是指接头焊缝中心线之间、沿壳体外表面的距离。

6.5.8　容器内件和壳体间的焊接应尽量避开壳体上的焊接接头。

7.3.1　A、B类焊接接头的焊缝余高 e_1、e_2 按表3和图11的规定。

7.3.2　C、D类接头的焊脚尺寸，在图样无规定时，取焊件中较薄者之厚度。补强圈的焊脚，当补强圈的厚度不小于8mm时，其焊脚尺寸等于补强圈厚度的70%，且不小于8mm。

表3　A、B类焊接接头的焊缝余高合格指标　　　　　　mm

$R_m \geqslant 540MPa$ 的低合金钢材、Cr-Mo 低合金钢材				其他钢材			
单面坡口		双面坡口		单面坡口		双面坡口	
e_1	e_2	e_1	e_2	e_1	e_2	e_1	e_2
0%~10%δ_s 且≤3	0~1.5	0%~10% δ_1且≤3	0%~10% δ_2且≤3	0%~15% δ_s且≤4	0~1.5	0%~15% δ_1且≤4	0%~15% δ_2且≤4

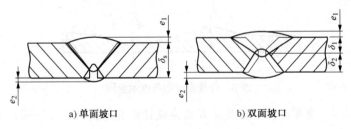

a) 单面坡口　　　　　　　　b) 双面坡口

图11　A、B类焊接接头的焊缝余高

③ JB/T 7949—1999《钢结构焊缝外形尺寸》规定：

4　外形尺寸

4.1　焊缝外形应均匀，焊道与焊道及焊道与基本金属之间应平滑过渡。

4.4　焊缝最大宽度 C_{max} 和最小宽度 C_{min} 的差值，在任意50mm焊缝长度范围内不得大于4mm，整个焊缝长度范围内不得大于5mm。

4.5 焊缝边缘直线度 f，在任意 300mm 连续焊缝长度内，焊缝边缘沿焊缝轴向的直线度 f 如图 4 所示，其值应符合表 2 的规定。

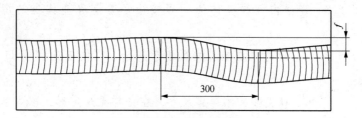

图 4 焊缝边缘直线度示意图

表 2 焊缝边缘直线度 mm

焊接方法	焊缝边缘直线度 f
埋弧焊	≤4
手工电弧焊及气体保护焊	≤3

4.6 焊缝表面凹凸，在焊缝任意 25mm 长度范围内，焊缝余高 $h_{max} \sim h_{min}$ 的差值不得大于 2mm，见图 5。

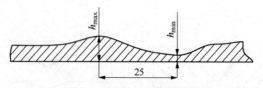

图 5 焊缝表面凹凸度示意图

4.7 角焊缝的焊脚尺寸 K 值由设计或有关技术文件注明，其焊脚尺寸 K 值的偏差应符合表 3 的规定。

表 3 焊脚尺寸允许偏差 mm

焊接方法	尺寸偏差	
	$K<12$	$K \geqslant 12$
埋弧焊	+4	+5
手工电弧焊及气体保护焊	+3	+4

④ HG/T 20584—2011《钢制化工容器制造技术要求》规定：

7.2.2 外部附件与壳体的连接焊缝，如与壳体主焊缝交叉时，应在附件上开一槽口，以使连接焊缝跨越主焊缝。槽口的宽度应足以使连接焊缝与主焊缝边缘的距离在 1.5 倍壳体壁厚以上且槽口边缘应圆滑过渡。

（4）腐蚀、泄漏

压力容器相关标准对容器焊缝的腐蚀、泄漏的规定，与对容器本体的要求是一致的。

3.2.1.3 开孔和补强的目视检测

为了使压力容器能够进行正常的工艺操作，并满足制造、安装、检维修工作的需要，压力容器上往往要开一些孔并连接接管。这些开孔改变了原有的应力分布，易引起应力集中，而接管处结构突变也必然产生应力集中。开孔附近容易成为破坏源，产生疲劳破坏和脆性断裂。因此，压力容器设计中必须充分考虑开孔大小、位置、形状及开孔后的补强。标准和规范中关于压力容器开孔和补强的规定如下。

① TSG R0004—2009《固定式压力容器安全技术监察规程》规定：

3.18 检查孔

（1）压力容器应当根据需要设置人孔、手孔等检查孔，检查孔的开设位置、数量和尺寸等应当满足进行内部检查的需要；

（2）对不能或者确无必要开设检查孔的压力容器，设计单位应当提出具体技术措施，例如增加制造时的检测项目或者比例，并且对设备使用中定期检验的重点检验项目、方法提出要求。

3.19 开孔补强圈的指示孔

压力容器上的开孔补强圈以及周边连续焊的起加强作用的垫板应当至少设置一个泄漏信号指示孔。

② GB 150.3—2011《压力容器 第3部分：设计》规定：

6.1.3 不另行补强的最大开孔直径

壳体开孔满足下述全部要求时，可不另行补强：

a）设计压力 $p \le 2.5MPa$；

b）两相邻开孔中心的间距（对曲面间距以弧长计算）应不小于两孔直径之和；对于 3 个或以上相邻开孔，任意两孔中心的间距（对曲面间距以弧长计算）应不小于该两孔直径之和的 2.5 倍；

c）接管外径小于或等于 89mm；

d）接管壁厚满足表 6.1 要求，表中接管壁厚的腐蚀裕量为 1mm，需要加大腐蚀裕量时，应相应加大接管壁厚；

e）开孔不得位于 A、B 类焊接接头上；

f）钢材的标准抗拉强度下限值 $R_m \ge 540MPa$ 时，接管与壳体的连接宜采用全焊透的结构型式。

表6.1   mm

接管外径	25	32	38	45	48	57	65	76	89
接管壁厚		≥3.5		≥4.0		≥5.0		≥6.0	

6.1.4 开孔附近的焊接接头

容器上的开孔宜避开容器焊接接头。当开孔通过或邻近容器焊接接头时，则应保证在开孔中心的 2 倍开孔直径范围内的接头不存在有任何超标缺陷。

③ HG/T 20584—1998《钢制化工容器制造技术要求》规定（该标准已作废，替代标准中无此规定。但检验员仍可在用压力容器检验中参考此规定，判断容器的焊缝布置是否合理。）：

5.2.1 壳体上的开孔应尽量不安排在焊缝及其邻近领域，但符合下列情况之一者，允许在上述区域内开孔。

1 符合 GB 150—1998《钢制压力容器》开孔补强要求的开孔可在焊缝区域开孔；

2 符合 GB 150—1998《钢制压力容器》规定的允许不另行补强的开孔，可在焊缝区域开孔。但此时应以开孔中心为圆心，1.5 倍开孔直径为半径的范围内所包容的焊接接头进行 100% 射线或超声波检测，并符合要求。

3 符合 GB 150—1998《钢制压力容器》规定的允许不另行补强的开孔，当壳体板厚小于或等于 40mm 时，开孔边缘距主焊缝的边缘应大于等于 13mm。但若按第 2 款对主焊缝进行射线或超声波检测并符合要求者，可不受此限制。

④ HG/T 20583—2011《钢制化工容器结构设计规定》规定：

9.1.1 压力容器圆筒、圆锥上开设长圆或椭圆孔时，孔的短轴应平行于圆筒或圆锥的轴线。

9.2.1 局部补强结构可采用补强圈、厚壁管、锻制管，必要时可采用补强圈和厚壁管联合补强结构，见图 9.2.1。其补强面积按 GB 150—1998《钢制压力容器》计算确定。

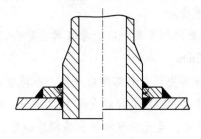

图 9.2.1 联合补强结构

9.2.2 下列场合或材料应采用整体补强（即增加壳体的壁厚），或采用局部整体补强元件的补强方法。

1 高强度钢（$R_m > 540$MPa）和铬钼钢（15CrMoR，14Cr1MoR，12Cr2Mo1R，12Cr2Mo1VR，12Cr1MoVR）制造的容器；

2 补强圈的厚度 $> 1.5\delta_n$（δ_n——容器壁的名义厚度）时；

3 设计压力大于等于 4MPa 的第三类压力容器；

4 容器壳体壁厚（δ_n）大于等于 38mm；

5 容器内介质毒性为极度、高度危害介质；

6 疲劳压力容器。

⑤ JB/T 4736—2002《补强圈》规定：

5.4 补强圈可采用整板制造或径向分块拼接。径向分块拼接的补强圈，只允许用于整体补强圈无法安装的场合，拼接焊妥后焊缝表面应修磨光滑并与补强圈母材齐平，并按 JB/T 4730.3—2005《承压设备无损检测 第3部分：超声检测》进行超声检测，Ⅱ级为合格。

3.2.2 B类缺陷的合格标准

3.2.2.1 基础与支座的目视检测

①JB/T 4712.1—2007《容器支座 第1部分：鞍式支座》规定：

7.2 鞍座本体的焊接，均为双面连续角焊。鞍座与容器圆筒焊接采用连续焊。焊缝腰高取较薄板厚度的 0.5~0.7 倍，且不小于5mm。

7.3 焊缝表面不得有裂纹、夹渣、气孔和弧坑等缺陷，并不得残留有熔渣和飞溅物。

7.4 鞍座垫板的圆弧表面应能与容器壁贴合，要求装配后的最大间隙不应超过2mm。

7.10 鞍座组焊完毕，各部件应平整，不得翘曲。

② JB/T 4712.2—2007《容器支座 第2部分：腿式支座》规定：

7.2 支柱应平直，且无凹坑和损伤等明显缺陷。支柱直线度应不大于 $H/1000$。

7.3 盖板与圆筒（或垫板）外壁的连接弧线应按样板切割，钢管支柱与封头（或垫板）连接部分应与封头外壁相吻合。垫板与容器壳体应紧密贴合，最大间隙不应超过1mm。

7.5 焊接采用连续焊，所有角焊缝尺寸均等于较薄件厚度。焊缝表面不得有裂纹、弧坑、夹渣等缺陷，并不得有熔渣和飞溅物。

③ JB/T 4712.3—2007《容器支座 第3部分：耳式支座》规定：

7.2 耳式支座本体的焊接，采用双面连续填角焊。支座与容器壳体焊接采用连续焊。焊角尺寸约等于0.7倍的较薄板厚度，且不小于4mm.

7.3 焊后焊缝金属表面不得有裂纹、夹渣、焊瘤、烧穿、弧坑等缺陷，焊接区不应有飞溅物。

7.4　垫板应与容器壁贴合，局部最大间隙不应超过 1mm。

7.7　支座组焊完毕，各部件应平整，不得翘曲。

④ JB/T 4712.4—2007《容器支座 第 4 部分：支承式支座》规定：

7.2　支承式支座本体的焊接，A 型支座采用双面连续焊；B 型支座采用单面连续焊。支座与容器壳体的连接采用连续焊。焊角尺寸约等于 0.7 倍的较薄板厚度，且不小于 4mm。

7.3　焊后焊缝金属表面不得有裂纹、夹渣、焊瘤、烧穿、弧坑等缺陷，焊接区不应有飞溅物。

7.4　垫板应与容器壁贴合，局部最大间隙不应超过 1mm。

7.7　支座组焊完毕，各部件应平整，不得翘曲。

3.2.2.2　排放（疏水、排污）装置的目视检测

TSG R7001—2004《压力容器定期检验规则》规定：

第十五条　压力容器本体及运行状况的检查主要包括以下内容：

（八）排放（疏水、排污）装置是否完好；

3.2.2.3　检漏孔的目视检测

TSG R0004—2009《固定式压力容器安全技术监察规程》规定：

3.19　开孔补强圈的指示孔

压力容器上的开孔补强圈以及周边连续焊的起加强作用的垫板应当至少设置一个泄漏信号指示孔。

3.2.2.4　衬里、堆焊层的目视检测

关于压力容器衬里、堆焊层的目视检测，有很多标准和规范对其作出了规定，现分述如下。

① HG 20536—1993《聚四氟乙烯衬里设备》规定：

7.0.4　衬里层的外观应光滑平整，无裂纹。法兰翻边处及其他转角处应色泽均匀，无泛白现象。

② HG 20677—1990《橡胶衬里化工设备》规定：

7.1.2 用目测法和锤击法检查胶层外观质量和胶层与金属的粘结情况。胶层表面允许有凹陷和深度不超过 0.5mm 的外伤、印痕和镶嵌物，但不得出现裂纹和海绵状气孔。

7.1.3 橡胶衬里设备衬胶层不允许有脱层现象。

③ GB 25025—2010《搪玻璃设备技术条件》规定：

7.1 在距搪玻璃表面 250mm 处，用 36V、60W 手灯，以正常视力目测不应有以下缺陷：

a）搪玻璃层表面不得有裂纹、鱼鳞爆、局部脱落；

b）搪玻璃层表面色泽均匀，没有明显的擦伤、暗泡、粉瘤；

c）搪玻璃层表面应没有防碍使用的烧成痕迹；

d）每平方米搪玻璃层上的杂粒不超过 3 处，每处面积应小于 $4mm^2$。

④ GB 50474—2008《隔热耐磨衬里技术规范》规定：

6.5.2 衬里混凝土的外观质量应符合下列要求：

1. 隔热混凝土表面应平整、厚度均匀；端板下的隔热混凝土应密实，不得有空洞。

2. 隔热耐磨混凝土表面应平整密实，不得有疏松和蜂窝麻面等缺陷。

3. 耐磨或高耐磨混凝土表面应平整密实，不得有麻面，与龟甲网结合处不得有裂纹等缺陷。

4. 衬里烘炉前，衬里混凝土不得有贯穿性裂纹，收缩性裂纹的宽度不得大于 0.5mm。

⑤ GB 26501—2011《氟塑料衬里压力容器 通用技术条件》规定：

3.1 氟塑料衬里外观要求

氟塑料衬里色泽均匀，平整光滑，不得有气泡、裂纹和明显白痕等缺陷。衬里翻边面允许有少许的波浪面，但装配压紧后必须密封可靠。

⑥ HG/T 20671—1989（2009）《铅衬里化工设备》规定：

6.1 衬铅设备的检查

6.1.1 借助 5~10 倍放大镜，以目视法对铅层上所有焊缝进行外观检查。焊缝应整齐均匀，不得有缩孔咬肉、偏歪、错口、狭低、宽高等缺陷（见附录四）。铅板表面应平整、无凹坑、尖物碰伤、穿孔等缺陷。

6.2 搪铅设备的检查

6.2.1 借助 5~10 倍放大镜，以目视法对搪铅层表面进行外观检查。表面不得有杂物、裂纹、缩孔等缺陷。

⑦ JB/TQ 267—1981《铬镍奥氏体不锈钢塞焊衬里设备技术条件》规定：

11. 对塞焊衬里设备一般只进行外观及气密性检验。塞焊及拼焊焊缝上应无气孔、裂纹、夹渣等缺陷，咬边深度不得大于 0.30mm。

⑧ 中国石化工程建设公司发布的 BCEQ—9314/A1《压力容器内部双层堆焊（E309L+E347）技术条件》规定：

5.7 堆焊层的检查

5.7.1 外观检查

过渡层堆焊完后，其厚度应均匀，表面应平滑，两相邻焊道之间的凹下量和焊道接头的不平度均不得超过 1.5mm。

不锈钢表层堆焊完后，表面应平滑，两相邻焊道之间的凹下量不得大于 1.0mm，焊道接头的不平度不得超过 1.5mm（用 200mm 长的弧形样板测量）。设计文件中有专门加工要求时，应以设计文件为准。

⑨ 中国石化集团洛阳石油化工工程公司发布的 70B119—2000《耐腐蚀层堆焊技术条件》规定：

5.3 堆焊层不允许存在裂纹、堆焊层间的未熔合以及条状夹渣。堆焊层表面不允许存在任何宏观缺陷。

5.4 堆焊层表面应平滑，焊道间搭接接头处应平滑过渡，其不平度均不应大于 1.5mm。

5.5 法兰面堆焊时，加工后密封面表面硬度不应小于 HB180，也不允许存在任何影响密封可靠性的缺陷。

⑩ 中国核工业总公司发布的 EJ/T 1027.8—1996《压水堆核电厂核岛机械设备焊接规范 镍基合金耐蚀堆焊》规定：

5.1 外观检查：用肉眼或 5 倍的放大镜对堆焊层表面进行外观检查。检查结果不允许存在裂纹、焊瘤、表面气孔、夹渣、咬边、未熔合等缺陷，并满足图样上的规定要求。

3.2.3 C 类缺陷的合格标准

3.2.3.1 密封面和紧固件的目视检测

密封面的目视检测，主要是检测密封面有无磕碰划伤，有无变形、腐蚀等。紧固件主要检测螺纹是否完好，有无裂纹，螺栓螺母是否齐全。相关标准、规范的规定如下。

① JB/T 74—1994《管路法兰 技术条件》规定：

9.1.3 环连接面法兰的密封面应全部逐项检查，槽的两个侧面不得有机械加工引起的裂纹、划痕或撞伤等表面缺陷。

② NB/T 47020—2012《压力容器法兰分类与技术条件》规定：

6.8 法兰加工完后应在密封面上涂防锈油，并防止密封面碰伤。

③ GB/T 5779.1—2000《紧固件表面缺陷 螺栓、螺钉和螺柱 一般要求》规定：

4.4 判定

在目测检查中，若发现有任何部位上的淬火裂纹或在内拐角上的皱纹或在非圆形轴肩紧固件上有低于支承面超出"三叶"形的皱纹，则拒收该批产品。

3.2.3.2 安全附件的目视检测

安全附件是为了压力容器能够安全运行而装设在容器上的一种附属机构。安全附件虽不属于压力容器范围之内，但其对压力容器的安全运行有十分重要的作用。安全附件未按期校核或安装不合格，压力容器就不能投运。

TSG R0004—2009《固定式压力容器安全技术监察规程》规定：

8.3.4　安全阀的动作机构

杠杆式安全阀应当有防止重锤自由移动的装置和限制杠杆越出的导架；弹簧式安全阀应当有防止随便拧动调整螺钉的铅封装置；静重式安全阀应当有防止重片飞脱的装置。

8.3.5　安全阀的安装要求

（1）安全阀应当铅直安装在压力容器液面以上的气相空间部分，或者装设在与压力容器气相空间相连的管道上；

（2）压力容器与安全阀之间的连接管和管件的通孔，其截面积不得小于安全阀的进口截面积，其接管应当尽量短而直；

（3）压力容器一个连接口上装设两个或者两个以上的安全阀时，则该连接口入口的截面积，应当至少等于这些安全阀的进口截面积总和；

（4）安全阀与压力容器之间一般不宜装设截止阀门，为实现安全阀的在线校验，可在安全阀与压力容器之间装设爆破片装置，对于盛装毒性程度为极度、高度、中度危害介质，易爆介质，腐蚀、黏性介质或者贵重介质的压力容器，为便于安全阀的清洗与更换，经过使用单位主管压力容器安全技术负责人批准，并且制定可靠的防范措施，方可在安全阀（爆破片装置）与压力容器之间装设截止阀门，压力容器正常运行期间截止阀门必须保证全开（加铅封或者锁定），截止阀门的结构和通径不得妨碍安全阀的安全泄放；

（5）新安全阀应当校验合格后才能安装使用。

8.4　压力表

8.4.1　压力表的选用

（1）选用的压力表，应当与压力容器内的介质相适应；

（2）设计压力小于 1.6MPa 压力容器使用的压力表的精度不得低于 2.5 级，设计压力大于或者等于 1.6MPa 压力容器使用的压力表的精度不得低于 1.6 级；

（3）压力表盘刻度极限值应当为最大允许工作压力的 1.5~3.0 倍，表盘直径不得小于 100mm。

8.4.2 压力表的校验

压力表的校验和维护应当符合国家计量部门的有关规定，压力表安装前应当进行校验，在刻度盘上应当划出指示工作压力的红线，注明下次校验日期。压力表校验后应当加铅封。

8.4.3 压力表的安装要求

（1）装设位置应当便于操作人员观察和清洗，并且应当避免受到辐射热、冻结或者震动的不利影响；

（2）压力表与压力容器之间，应当装设三通旋塞或者针形阀；三通旋塞或者针形阀上应当有开启标记和锁紧装置；压力表与压力容器之间，不得连接其他用途的任何配件或者 接管；

（3）用于水蒸气介质的压力表，在压力表与压力容器之间应当装有存水弯管；

（4）用于具有腐蚀性或者高黏度介质的压力表，在压力表与压力容器之间应当装设能隔离介质的缓冲装置。

8.5 液位计

8.5.1 液位计通用要求

压力容器用液位计应当符合以下要求：

（1）根据压力容器的介质、最大允许工作压力和温度选用；

（2）在安装使用前，设计压力小于 10MPa 压力容器用液位计进行 1.5 倍液位计公称压力的液压试验；设计压力大于或者等于 10MPa 压力容器的液位计进行 1.25 倍液位计公称压力的液压试验；

（3）储存 0℃ 以下介质的压力容器，选用防霜液位计；

（4）寒冷地区室外使用的液位计，选用夹套型或者保温型结构的液位计；

（5）用于易爆、毒性程度为极度、高度危害介质的液化气体压力容器上，有防止泄漏的保护装置；

（6）要求液面指示平稳的，不允许采用浮子（标）式液位计。

8.5.2　液位计的安装要求

液位计应当安装在便于观察的位置，否则应当增加其他辅助设施。大型压力容器还应当有集中控制的设施和警报装置。液位计上最高和最低安全液位，应当作出明显的标志。

8.6　壁温测试仪表

需要控制壁温的压力容器上，应当装设测试壁温的测温仪表（或者温度计）。测温仪表应当定期校验。

3.2.3.3　保温层、隔热层、防腐层的目视检测

① JB/T 4711—2003《压力容器涂敷与运输包装》规定：

3.2.4　涂敷的防腐涂料应均匀、牢固，不应有气泡、龟裂、流挂、剥落等缺陷，否则应进行修补。必要时可采用专门仪器检测涂层的厚度及致密度。

3.2.5　除图样另有规定外，下列情况可不涂敷防腐涂料：

a）容器的内表面；

b）随容器整体出厂的内件；

c）不锈钢制压力容器；

d）有色金属及其合金制压力容器。

② GB 50474—2008《隔热耐磨衬里技术规范》规定：

6.5.2　衬里混凝土的外观质量应符合下列要求：

1. 隔热混凝土表面应平整、厚度均匀；端板下的隔热混凝土应密实，不得有空洞。

2. 隔热耐磨混凝土表面应平整密实，不得有疏松和蜂窝麻面等缺陷。

3. 耐磨或高耐磨混凝土表面应平整密实，不得有麻面，与龟甲网结合处不得有裂纹等缺陷。

4. 衬里烘炉前，衬里混凝土不得有贯穿性裂纹，收缩性裂纹的宽度不得大于 0.5mm。

4 压力容器目视检测缺陷的二级评定

在第 2 章中我们提到了一级评定判定不合格的目视检测缺陷，并不是都不允许存在。在役压力容器的缺陷可以按照 TSG R7001—2013《压力容器定期检验规则》中的相应规定，对一级评定不合格的缺陷进行再评定。按照其中的评定方法，压力容器中允许存在的缺陷尺寸会大为增加。这样的评定我们称其为二级评定。

现根据压力容器检验的实际经验，对二级评定的方法进行详细地说明。为了加深认识，附了大量的实际照片，并举出了许多实际的例子。

4.1 A 类缺陷

4.1.1 筒体、封头、接管、法兰

4.1.1.1 裂纹

裂纹是压力容器安全运行过程中最危险的一种缺陷，它在容器运行中继续扩展的风险很大。筒体、封头、接管、法兰是压力容器的主要受压元件，在制造、安装以及使用过程中都有可能产生裂纹。按裂纹的生成过程，可分为两大类，即原材料或容器制造中产生的裂纹和容器使用过程中产生的裂纹或扩展的裂纹。前者包括钢板的轧制裂纹、容器的拔制裂纹、焊接裂纹和消除应力热处理裂纹，后者包括疲劳裂纹和应力腐蚀裂纹。

对于筒体、封头、接管、法兰等压力容器主要受压元件而言，原材料轧制裂纹是由于金属材料本身存在的疏松、缩孔和非金属夹杂物等缺陷积聚在一起，经轧制而生成的线性缺陷。焊接过程也可能使存在缺陷的受压元件局部产生裂纹或裂纹扩展，如果制造厂质量控制不严，或原有缺陷轻微未被发现，在使用过程中将有可能扩

展。这些裂纹可以在材料的内部，也可以在表面，无一定的方向性和固定的部位，在厚壁容器、有些拔制的小型高压容器中常常发现此类裂纹。

筒体、封头、接管及法兰在使用过程中还可能产生疲劳裂纹和应力腐蚀裂纹。疲劳裂纹是因为容器的结构不良或材料存在缺陷，造成局部应力过高，在容器经过反复多次的加压或卸压后产生的裂纹。在一些开、停频繁的压力容器中可以发现这种裂纹。腐蚀裂纹是腐蚀介质在一定的工作条件下，对材料进行腐蚀而逐渐形成的，这种裂纹大多与应力有关。因为应力和腐蚀两者相互促进，后者在材料表面形成缺口产生应力集中，或削弱金属的晶间结合力，而前者则加速腐蚀的进展，使表面缺口不断扩展。

表面裂纹都可以通过目视检查有效检测，目视检查时发现裂纹或裂纹迹象后，常需采用无损检测手段进一步确认，如液体渗透检测和磁粉检测对表面裂纹都有较高的检出率，可以根据具体情况适当选用。

根据裂纹形态及所在的位置，实际检验中经常遇到以下两种情况：

（1）单一裂纹位于设备筒体、封头、接管和法兰母材上，一般有明显的方向性。

（2）网状或多条裂纹位于筒体、封头、接管及法兰表面，无明显的方向性。

图4-1~图4-12是通过目视检测发现的以上两种裂纹形态示图。为了更清楚的呈现裂纹形貌，部分裂纹通过渗透或磁粉检测方法展示。

当发现筒体、封头、接管及法兰有裂纹缺陷时，首先应根据裂纹所在部位、数量、大小、分布情况及容器的工作条件等分析裂纹产生的原因，必要时可以进行金相检验，以判断是原材料中就存在的裂纹，还是容器制造时产生的裂纹，或是使用过程中产生的裂纹。然后再根据裂纹的严重程度和容器的具体情况确定对裂纹缺陷的处理方法。

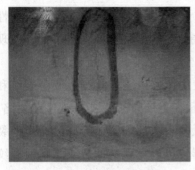

图 4-1　封头表面单一裂纹
缺陷示图（横向）

图 4-2　筒体表面单一裂纹
缺陷示图（纵向）

图 4-3　封头表面多条裂纹
缺陷示图（横向）

图 4-4　封头表面多条裂纹
缺陷示图（纵向）

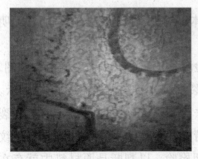

图 4-5　筒体内表面多条裂纹
缺陷示图（横向）

图 4-6　封头表面多条裂纹
缺陷示图（纵向）

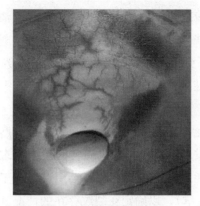

图 4-7　不锈钢法兰表面
网状裂纹示图

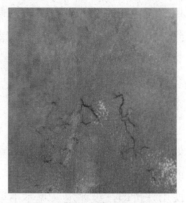

图 4-8　碳钢筒体内表面
网状裂纹示图

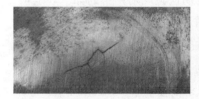

图 4-9　封头纵向裂纹示图

图 4-10　接管母材表面
"脚形"网状裂纹示图

图 4-11　管板表面裂纹示图

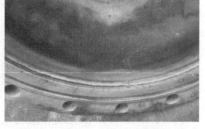

图 4-12　法兰密封面表面裂纹示图

　　材料轧制或拔制容器留下的微裂纹，一般较浅，可以用手锉或砂轮等磨去。对在制造过程中产生的焊接裂纹，检查发现时应予以铲除。由于结构不良、局部应力过高而产生裂纹的部件一般不宜继续使用。存在腐蚀裂纹的容器，也不应将裂纹铲除或焊补后继续使用。在特殊情况下，由于容器制造或原材料留下的裂纹确实难以消除，可经过具有资质的压力容器缺陷评定单位检查鉴定，并根据断裂力学的分析和计算，确认裂纹不会扩展，且具有足够的安全裕度，容器可以采取可靠的监护措施，继续使用，但要缩短检验周期，严密监视裂纹的发展情况。

表面裂纹缺陷的二级评定不允许任何裂纹存在，必须进行打磨处理。在用压力容器定期检验中发现的裂纹，如果确实因工期要求或结构所限、环境所限等原因不能立即进行修理时，必须进行合于使用评价即三级评定（见本书第5章），以确定在裂纹存在的情况下容器能否继续安全使用。这类在主要受压元件表面出现的裂纹缺陷执行 TSG R7001—2013《压力容器定期检验规则》中的如下规定：

第三十八条　内、外表面不允许有裂纹。如果有裂纹，应当打磨消除，打磨后形成的凹坑在允许范围内的，不影响定级；否则，应当补焊或者进行应力分析，经过补焊合格或者应力分析结果表明不影响安全使用的，可以定为2级或者3级。

裂纹打磨后形成凹坑的深度如果小于壁厚余量（壁厚余量＝实测壁厚－名义厚度＋腐蚀裕量），则该凹坑允许存在。否则，将凹坑按照其外接矩形规则化为长轴长度、短轴长度及深度分别为 $2A$（mm）、$2B$（mm）及 C（mm）的半椭球形凹坑，计算无量纲参数 G_0，如果 $G_0 < 0.10$，则该凹坑在允许范围内。

进行无量纲参数计算的凹坑应当满足如下条件：

（一）凹坑表面光滑、过渡平缓，凹坑半宽 B 不小于凹坑深度 C 的3倍，并且其周围无其他表面缺陷或者埋藏缺陷；

（二）凹坑不靠近几何不连续或者存在尖锐棱角的区域；

（三）压力容器不承受外压或者疲劳载荷；

（四）T/R 小于 0.18 的薄壁圆筒壳或者 T/R 小于 0.10 的薄壁球壳；

（五）材料满足压力容器设计规定，未发现劣化；

（六）凹坑深度 C 小于壁厚 T 的 $1/3$ 并且小于 12mm，坑底最小厚度（$T-C$）不小于 3mm；

（七）凹坑半长 $A \leqslant 1.4\sqrt{RT}$。

凹坑缺陷无量纲参数按照公式（1）计算：

$$G_0 = \frac{C}{T} \times \frac{A}{\sqrt{RT}} \tag{1}$$

式中　T——凹坑所在部位压力容器的壁厚（取实测壁厚减去至下次检验期的腐蚀量），mm；

　　　R——压力容器平均半径，mm。

二级评定时需要首先判断是否能够对凹坑进行无量纲参数计算，即二级评定的前提条件是满足 TSG R7001—2013《压力容器定期检验规则》中关于 G_0 计算的 8 个条件。

母材大面积范围存在裂纹，不适合用凹坑评定。凹坑是几何不连续结构，大小不同的几何不连续结构影响强度计算。举例分析如下：

某企业一台 1000m³ 液化石油气球罐，储存的液化石油气中湿 H_2S 质量浓度约 100 mg/L（ppm），其设计压力 1.77MPa，最高工作压力 1.6 MPa，设计温度 $-19 \sim 50℃$，工作温度 $-19 \sim 45℃$，球罐内径 $\phi12300$，公称壁厚 36mm，壳体材料 16MnR，$[\sigma]^{50℃} = 163$MPa，焊接接头系数 1.0，充装系数 0.85，钢板负偏差不大于 0.25mm，腐蚀裕量 2.0mm，投用日期 2010 年 10 月。该球罐按 GB 12337—1998《钢制球形储罐》及 GB 150—1998《钢制压力容器》设计、制造。2013 年 10 月首次开罐检验发现两处裂纹，长度分别为 800mm 和 260mm。

问题：

（1）两处裂纹缺陷如何处理，其评定要考虑哪些因素？

（2）对两处裂纹进行打磨，打磨后的凹坑表面光滑、过渡平缓，打磨部位无其他表面缺陷和埋藏缺陷，结构几何连续。若打磨后形成的凹坑处的参数如表 4-1 所示，下次检验周期为 3 年，则两处裂纹消除后按凹坑评定允许存在吗？

表 4-1 裂纹消除形成的凹坑参数

缺陷	长度/mm	深度/mm	宽度/mm	缺陷处实测壁厚/mm
凹坑 1	800	1.3	30	35.5
凹坑 2	260	5.6	36	35.5

问题（1）解答：

① 消除裂纹 裂纹缺陷不允许存在，所以必须消除。裂纹一般在打磨过程中都会有向长度和深度方向扩展的情况，在消除过程中需要注意选择消除方法，如采取打磨消除，最好采用在裂纹两端设止裂孔的方法。最好采用冷加工工艺，如机械切、削、洗、车等。

② 确定评定的条件 确定容器是否承受外压或者疲劳载荷？材料是否满足压力容器设计规定，是否劣化？T/R 是否小于 0.10？如满足以上条件，再考虑可以作评定的其他条件；如不符合评定条件，则不需要圆滑过渡处理，一般维修单位将凹坑打磨成坡口形态便于施焊。

③ 测量凹坑尺寸 在近凹坑 50mm 范围内（完整区域）测量不少于 3 点，取平均值作为实际壁厚，即凹坑所在部位容器的壁厚；用焊缝检查尺对凹坑深度进行测量，用直尺或卷尺测量凹坑的长度；计算 C 小于 $1/3T$，并且小于 12mm，坑底最小厚度（$T-C$）不小于 3mm；凹坑半 $A \leqslant 1.4\sqrt{RT}$ 长。如满足以上条件，可以考虑作凹坑评定，进行圆滑过渡打磨处理，将凹坑按其外接矩形规则化为长轴长度 $2A$（mm）、短轴长度 $2B$（mm）及深度 C（mm）的半椭球形凹坑，并测量 B，使凹坑半宽 B 不小于凹坑深度 C 的 3 倍。如不符合评定条件，一般维修单位将凹坑打磨成坡口形态便于施焊。

④ 计算 C 是否超过壁厚余量。

⑤ 计算 $G_0 = \dfrac{C}{T} \cdot \dfrac{A}{\sqrt{RT}}$。

问题（2）解答：

① 凹坑最大深度与壁厚余量的计算比较 壁厚余量=实测壁厚—

名义厚度+腐蚀裕量，应用本例数据，壁厚余量为 $35.5-36+2=1.5mm$。对照表 4-1 可知，凹坑 1 的凹坑深度为 $1.3mm<1.5mm$，故凹坑可以存在，不影响评级。

同理，凹坑 2 的凹坑深度 $5.6mm>1.5mm$，故应按 TSG R7001—2013《压力容器定期检验规则》评定是否在允许范围内。

② 确定评定条件 评定条件确定过程见表 4-2。

表 4-2 实例凹坑条件、评定条件确定过程

序号	满足条件	实际条件	判断
1	凹坑表面光滑、过渡平缓，并且其周围其他表面或者埋藏缺陷	打磨后的凹坑表面光滑，过渡平缓；且经 MT、UT 检测无表面及埋藏缺陷	满足
2	凹坑不靠近几何不连续区域或者存在尖锐棱角的区域	结构几何连续、无尖锐棱角的区域	满足
3	容器不存在外压或疲劳载荷	球形储罐内压不属于承受疲劳载荷容器范畴	满足
4	T/R 小于 0.18 薄筒 T/R 小于 0.10 薄球	下一周期均匀腐蚀余量 $C'=(36-35.5)\div3\times3=0.5mm$；$T=T_{act}-C'=35.5-0.5=35mm$；$T/R=36/(12300+35.5)/2=0.0057<0.10$	满足
5	材料满足压力容器设计规定，未发现劣化	不考虑材质劣化因素	满足
6	凹坑深度 C 小于 $1/3T$，并且小于 12mm，坑底最小厚度 $T-C$ 不小于 3mm	$C=5.6<T/3=11.67mm$ 且 $C<12mm$；坑底最小厚度 $(T-C)=35-5.6=29.4mm>3mm$	满足
7	凹坑半长 $A\leqslant1.4\sqrt{RT}$	凹坑半长 $A=260/2=130<650.5mm$；$1.4\sqrt{RT}=650.5mm$	满足
8	凹坑半宽 B 不小于凹坑深度 C 的 3 倍	凹坑半宽 $B=36/2=18>3C=16.8mm$	满足

③计算 G_0　根据 TSG R7001—2013《压力容器定期检验规则》中 G_0 的计算公式，应用本例数据，$G_0 = \dfrac{C}{T} \cdot \dfrac{A}{\sqrt{RT}} = \dfrac{5.6}{35} \dfrac{130}{\sqrt{6168 \times 35}} = 0.044 < 0.1$

评定结果：该凹坑在允许范围内。

结论：这两处凹坑均在允许的范围内，可以不作处理。

4.1.1.2　鼓包

鼓包，即钢材表面形成目视可见的隆起，高于基准平面的突起部位。根据鼓包面积大小，可分为大鼓包和小鼓包。根据鼓包分布特征可分为内鼓包和外鼓包。根据鼓包的产生的时间可分为制造安装过程中鼓包和使用过程中鼓包。

制造和安装过程中产生的鼓包大多是机械碰撞所致，或由钢板质量及加工工艺不当造成，一般情况下没有较大的变形量不会影响设备的使用性能。但使用过程中的鼓包较为复杂，需要认真分析，区别对待。

TSG R7001—2013《压力容器定期检验规则》对鼓包的评定规定如下：

第四十六条　使用过程中产生的鼓包，应当查明原因，判断其稳定状况，如果能查清鼓包的起因并且确定其不再扩展，而且不影响压力容器安全使用的，可以定为 3 级；无法查清起因时，或者虽查明原因但是仍然会继续扩展的，定为 4 级或者 5 级。

鼓包的二级评定不能完全以宏观大小、数量多少、突出变化量来评定，最重要的是要分析造成鼓包的原因。压力容器使用中出现的鼓包有以下几种情况。

（1）防腐层破损所致　外部防腐层质量差或防腐层开裂，使渗入空气和水，可导致金属氧化胀大造成鼓包，如图 4-13 所示。

这类鼓包可通过去除防腐层确定，一般都存在层下腐蚀，如腐蚀坑深度较小，可打磨平滑重新涂敷防腐材料即可，不影响评级。

外部鼓包部位

图4-13 外部防腐层破损引起的局部鼓包示图

如腐蚀坑面积较大、较深，则需要按照凹坑进行评定。

（2）鼓包由局部腐蚀减薄所致　容器的某一部分因承压面严重腐蚀，壁厚显著减薄，因而在内压作用下会发生向外凸起变形。对于这种情况，由于减薄部位有鼓突变形，有使壁厚进一步减薄无法承载的趋势。所以设备在原操作条件下不能进行安全运行，需要进行强度校核，并结合设备的具体运行条件和环境进行综合评定。评定时需要测量鼓包面积、变形量以及鼓包处的壁厚等数据。

按 TSG R7001—2013《压力容器定期检验规则》评定一般有4种结果：在原操作条件下，评3级继续使用；改变操作条件（如降压），评3级继续使用；加强防护措施，短期评4级监控使用；评5级报废或彻底维修。

（3）鼓包由介质所致　鼓包发生最多的原因是由盛装介质引起，这其中以由液化石油气等含 H_2S 腐蚀介质引起的氢鼓包（或鼓泡）最为典型。氢鼓泡在管道或压力容器的壁厚内形成，在内表面或内表面上以表面凸起的形式出现。鼓泡是由于金属表面硫化物腐蚀产生的氢原子扩散进入钢铁，在钢铁的不连续处如夹杂物或层片结构积聚造成的。氢原子结合生成氢分子，很难扩散出去，造成压力升高，局部发生变形，形成鼓泡。鼓泡是由于腐蚀产生的氢引起的，不是工艺过程中产生的氢气。

容器内表面由介质引起的鼓包（氢鼓包）如图 4-14 和图 4-15 所示。氢鼓包在母材厚度中间使钢板形成分层的现象如图 4-16 所示。

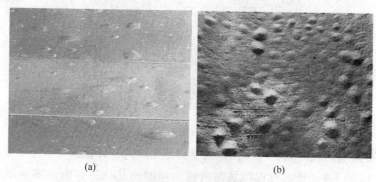

(a)   (b)

图 4-14　内表面由介质引起的鼓包（氢鼓包）示图 I

图 4-15　内表面由介质引起的鼓包（氢鼓包）示图 II

(a)   (b)

图 4-16　氢鼓包在母材厚度中间使钢板形成分层现象示图

这类鼓包情况对设备的使用性能影响较大，涉及氢损伤的多种模式，常伴有材质劣化、强度及塑性下降等问题，也可能有氢诱导开裂（HIC）、应力导向的氢诱导开裂（SOHIC）、硫化物应力腐蚀开裂（SSC）等损伤模式，安全状况的等级确定一般需要增加其他检测方法和综合分析，在没有理论及数据支持的情况下盲目评定是不妥的。举例分析如下：

题目同 P57 举例。2013 年 10 月首次开罐检验，在罐底部母材上发现存在鼓包现象。

问题：

（1）实际工作中如何检测此类鼓包缺陷？

（2）鼓包缺陷的定量、定性还需要哪些检测方法？

（3）缺陷评定、处理要考虑哪些因素？

问题（1）解答：

常见的氢鼓包类型有外鼓包、内鼓包以及内外鼓包。液化石油气储罐产生氢鼓包后，不管是向外鼓起（外鼓包），还是向内鼓起（内鼓包），或者同一部位既向外又向内鼓起（内外鼓包），它们均使容器的形状产生了变形。变形后钢板截面均分开为两部分，形成气体空腔。此时，有的氢鼓包仅有形状尺寸的微小变化，有的氢鼓包顶部及周边区域产生裂纹，有的氢鼓包还会有材质劣化现象。

根据氢鼓包部位变形后的外观特点，常采用下述方法进行初步检查：

①氢鼓包的外观目视检查　外观检查常通过目视或量具、样板来检查氢鼓包的尺寸大小。尺寸大且明显的氢鼓包目视即可清楚地看出。对于尺寸较小，凸起高度不明显的鼓包可用手电筒或灯光，借助手电筒的直射光可有效地检出小鼓包。采用手摸方式通过手感亦可检出鼓包。

②鼓包缺陷记录　对鼓包的数量、大小、分布范围、间距、突出高度等参数进行详细记录，必要时进行照相、粘模，详尽掌握鼓

包情况，为下一步分析处理提供依据。

问题（2）解答：

①氢鼓包的磁粉检测　有的鼓包部位有较大的裂纹，目视即可发现，但大多数裂纹是目视检测不到的。为了有效地检出鼓包周边区域的裂纹，可采用磁粉检测方法。检测经验证明，鼓包顶部有时有龟裂状的裂纹，鼓包的其他部位，包括鼓包周边 50mm 范围内均有产生裂纹的可能性。

②鼓包部位的超声测厚　容器产生氢鼓包后，容器壳体鼓包部位钢板内部均会分离形成气体空腔。空腔两侧的钢板厚度可用超声波方法进行厚度测量。

超声波测厚可在鼓包部位钢板的两侧进行。测厚探头置于鼓包部位钢板的两侧进行壁厚测量时会发现鼓包空腔两侧壁厚之和大致等于容器壳体的壁厚。若容器的公称壁厚为 δ，氢鼓包凸起部分测量值为 δ_1，另一侧的测量值为 δ_2，则 $\delta_1 + \delta_2 = \delta$。鼓包向外凸起时，气体空腔靠近外侧，鼓包向内凸起时，气体空腔靠近内侧，同时向内又向外凸起时，气体空腔大致在钢板中间部位。

超声测厚的目的不仅可用来测量氢鼓包的宏观特征，了解空腔两侧的厚度值，为检验和修复（补焊）提供依据，而且还可为材质失效分析检验中的超声检测提供更深层次的数据，以判断凸起部位材质的劣化程度。

③材质失效分析检验　材质失效分析检验的目的是分析氢鼓包部位及周边区域氢损伤程度，判断氢鼓包部位有无修复价值和其他部位有无材质劣化倾向，为容器可否安全使用提供依据。氢鼓包部位有无修复价值和其他部位有无材质劣化倾向的判断方法有空腔氢气取样判断法、钢板含氢量分析法以及金相和断口检验法。

空腔氢气取样判断法是选取典型部位，利用钢板空腔气体取样装置，将空腔内的氢气取出。根据各个氢鼓包部位的含氢量和取样时出现的特征来判断各个鼓包部位材质氢损伤的具体特征，为材质分析提供依据。例如，氢鼓包部位明显（直径大、凸起高度大）应是含氢量多的部位，若是含氢量少、或是无氢气时，就可能是该部位有严重夹层，氢气通过夹层向其他氢鼓包部位扩散，说明该处钢板材质疏松，或者是该鼓包顶部或周边区域开裂，氢气逸出。对于小鼓包部位，若是含氢量大，可能说明材质相对较好，周边区域夹层较少，氢损伤程度不严重，未产生裂纹，氢气只能在此处聚集而无法逸出。

钢板含氢量分析法亦应选择典型部位取样，测出钢材中的扩散含氢量，为氢鼓包容器可否通过补焊修复、如何通过补焊修复以及补焊工艺如何制定提供分析数据，以便选择最佳处理方法。

钢材中的含氢量多少不仅与氢损伤程度有关，也与能否通过补焊修复有关。实践证明，钢材中的含氢量太大时不仅补焊效果不好，还会在补焊时产生新的氢致裂纹，且补焊工艺也需有特殊要求。

金相和断口检验法就是通过金相和断口检验来判断材质的氢损伤程度，为可否补焊修复提供依据。金相和断口检验包括以下内容。

a. 金相组织分析　液化石油气储罐主体材料多为 16MnR（包括 16Mn）等低锰合金钢。其金相组织一般应为珠光体+铁素体。钢板的晶粒度大小对鼓包有影响，鼓包部位的金属晶粒度较粗，未起鼓包部位金属的晶粒度较细。

b. 钢中非金属夹杂物的检验　非金属夹杂物是形成氢鼓包的重要原因之一。钢中非金属夹杂物的检验按照 GB 10561—2005《钢中非金属夹杂物显微评级方法》进行。检验面为垂直于钢板表面之截面。绝大多数鼓包部位钢中的非金属夹杂物较严重，夹杂物的级别多在 3 级以上，最严重的部位达到 4 级。鼓包部位非金属夹杂物多为 4 级，未起包部位多为 2.5 级。

c. 鼓包边缘金相检验　为观察开裂鼓包和未开裂鼓包四周的扩展情况以及与母材夹层的关系，选取典型部位的鼓包制作可看到鼓包周边母材的试样进行金相检验。观察裂纹的扩展形态、前沿，并判断是否和夹杂直接相关。一般情况下凡产生鼓包部位，其周边区域均有非金属夹杂物等缺陷。

d. 开裂鼓包裂纹截面　为了观察鼓包开裂后的裂纹形态及与材质的关系，可选取典型开裂鼓包试样进行金相检验。一般情况下裂纹上粗下窄，曲折扩展，在裂纹扩展路径上有多条与钢板表面平行的分支，且很多分支与夹层相连。裂纹两侧会有多条与表面平行的裂纹。

e. 未起鼓包部位钢板截面金相检验　一般情况下，夹层不是形成鼓包的唯一条件。为观察未鼓包部位材质状况特别是使用过程中有无劣化倾向，可对未鼓包部位的材质取样进行金相检验。

④材质的超声检测　当钢板有劣化现象时采用超声衰减法能有效地检出此类缺陷。超声衰减法根据板厚不同选用不同的检测灵敏度，具体选用何种灵敏度进行检测可由壳体厚度和表面的粗糙度来决定。

材质超声检测的重点是氢鼓包部位及其周边区域。鼓包空腔上下两部分金属材质劣化危险性更大，判断材质是否劣化更加重要。一旦检出材质劣化部位必须对该部位作妥善处理，不得留下隐患。

材质劣化（包括材质低劣）通过超声检测的波形分析综合判断，其表现波形主要是无底波波形和紊乱波波形两种形式。

钢板缺陷有倾斜角度时出现无底波波形。

材质劣化出现杂草状波形的情况。这种不规则的杂草波多由于钢板材质质量低劣而引起的。材质是否劣化、劣化程度取决于反射波的波幅和杂乱程度。

问题（3）解答：

缺陷评定、处理要根据检验检测数据，结合介质含硫化氢量的控制程度综合分析，重点考虑鼓包在壁厚方向扩展的可能性、材料是否劣化等因素，以最严重后果评定。

如材质劣化，则参照 TSG R7001—2013《压力容器定期检验规则》评定：

第三十六条 主要受压元件材料与原设计不符、材质不明或者材质劣化时，按照以下要求进行安全状况等级评定：

（三）材质劣化，发现存在表面脱碳、渗碳、石墨化、蠕变、回火脆化、高温氢腐蚀等材质劣化现象并且已经产生不可修复的缺陷或者损伤时，根据材质劣化程度，定为4级或者5级；如果劣化程度轻微，能够确认在规定的操作条件下和检验周期内安全使用的，可以定为3级。

如鼓包使母材分层，通过其他方法检测未发现在厚度方向扩展、材质无夹杂、无劣化等情况，这种情况参照TSG R7001—2013《压力容器定期检验规则》评定：

第四十五条 母材有分层的，按照以下要求评定安全状况等级：

（一）与自由表面平行的分层，不影响定级。

（二）与自由表面夹角小于10°的分层，可以定为2级或者3级。

（三）与自由表面夹角大于或者等于10°的分层，检验人员可以采用其他检测或者分析方法进行综合判定，确认分层不影响压力容器安全使用的，可以定为3级，否则定为4级或者5级。

一般情况下，这类鼓包可按以下思路评定：控制硫化氢含量在较低水平，在原操作条件下，评3级继续使用；加强防护措施，短期评4级监控使用；评5级，彻底修复重新检验按照维修结果进行安全状况等级评定；评5级报废，无修复价值。

4.1.1.3 机械损伤、工卡具焊迹、电弧灼伤、飞溅、焊瘤、凹坑

机械损伤（图4-17和图4-18）、工卡具焊迹（图4-19）、电弧灼伤、飞溅、焊瘤、凹坑（图4-20）等缺陷对容器的主要使用性能没有直接影响。目视检测也很容易发现这类缺陷，一般需要进行打磨、过渡、消除。此类缺陷参照TSG R7001—2013《压力容器定期检验规则》评定：

图 4-17　容器内表面机械损伤示图

图 4-18　容器内表面凹坑示图

图 4-19　容器内表面工卡具焊迹示图

(a) 飞溅、焊瘤示图

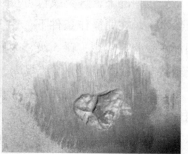
(b) 凹坑示图

图 4-20　飞溅、焊瘤、凹坑示图

第三十九条　变形、机械接触损伤、工卡具焊迹、电弧灼伤等，按照以下要求评定安全状况等级：

（一）变形不处理不影响安全的，不影响定级；根据变形原因分析，不能满足强度和安全要求的，可以定为 4 级或者 5 级。

（二）机械接触损伤、工卡具焊迹、电弧灼伤等，打磨后按照本规则正文第三十八条的规定定级。

这类缺陷一般不影响设备的安全状况，评定时可参考以下几条：① 打磨处理，不影响评级；② 在机械损伤、凹坑等缺陷较深时，可进行打磨并按 TSG R7001—2013《压力容器定期检验规则》凹坑评定；③ 在机械损伤、凹坑等缺陷十分严重，可进行三级评定；④ 三级无法评定或评定后不能使用时进行修复处理。

4.1.1.4 变形

变形是指容器在使用后整体或局部的几何形状发生了改变。这种缺陷在压力容器中比较少见。容器的变形一般可以表现为局部凹陷、鼓包、整体扁瘪以及整体膨胀等几种形式。

局部凹陷是容器壳体或封头的局部区域受到外力的撞击或挤压发生的表面凹陷，这种变形一般只能在壳壁较薄的小容器上产生，它并不引起容器壁厚的改变，而只是使某一局部表面失去了原有的几何形状。

鼓包是容器的某一部分承压面因严重的腐蚀导致壁厚显著减薄后，在内压作用下发生的向外凸起变形。个别情况下也可因容器的局部温度过高，致使材料的力学性能降低而产生鼓包，这种变形将使容器这一区域的壁厚进一步减薄。

整体扁瘪是因为受外压作用的壳体壁厚太薄，以至在压力作用下失去稳定性，丧失原有的壳体形状，这种变形只发生在容器的受外压部件，如夹套容器的内筒。

整体膨胀变形是因为容器壁厚太薄或超压使用，致使整个容器或某些截面产生屈服变形造成。这种变形一般都是缓慢进行，只有在特殊的监测下才能发现。变形的检查一般可用目视检测，不太严重的变形可以通过量具检查来发现。

产生变形缺陷的容器，除了不太严重的局部凹陷以外，其他的一般不宜继续使用。因为经过塑性变形的容器，壁厚总有不同程度的减薄，而且变形材料也会因应变硬化而降低韧性，耐腐蚀性能也较差。对于轻微的鼓包变形，如果变形面积不太大，而且又未影响到容器的其他部分，则在容器材料可焊性较好的情况下，可以考虑采用挖补处理。即将局部鼓包的部分挖去，再用相同形状和材质的板料进行补焊，焊后按容器原来的技术要求对焊缝进行全面检验。

这类变形缺陷参照 TSG R7001—2013《压力容器定期检验规则》评定：

第三十九条　变形、机械接触损伤、工卡具焊迹、电弧灼伤等，按照以下要求评定安全状况等级：

（一）变形不处理不影响安全的，不影响定级；根据变形原因分析，不能满足强度和安全要求的，可以定为 4 级或者 5 级。

需要注意的是，在高温条件下使用的压力容器，容易发生材质劣化，这类容器引起的鼓突变形不能完全按照 TSG R7001—2013《压力容器定期检验规则》第三十九条评定，应通过金相检验、硬度测定、应力分析、强度计算等手段进行综合分析，以影响使用性能的最严重后果评定。典型设备如炼油厂焦炭塔（操作温度 400～475℃），长期使用后都有不同程度的鼓凸和偏斜发生，通常发生在焦炭塔堵焦阀（老式结构）所在的筒体、焦炭塔中部筒体、塔顶上封头环焊缝等部位，这些部位经过一段时间运行后，塔直径变大，造成塔体局部鼓凸。其原因是交变温差应力产生的热棘轮效应所致，这也是造成焦炭塔失效报废的主要原因之一，由于焦炭塔的鼓凸与偏斜在测量时缺乏基准，出现这种情况要综合考虑，合理评定。

4.1.1.5　泄漏

（1）筒体、封头、接管一旦发现泄漏（图 4-21 和图 4-22），设备已无法承压，必须进行修复，或者报废。

（2）法兰泄漏可对法兰进行更换，密封面导致泄漏时可进行修复处理。按照密封面情况或者维修结果进行安全状况等级评定。

图 4-21 筒体腐蚀泄漏示图   图 4-22 封头腐蚀泄漏示图

4.1.1.6 过热

过热是指设备在运行过程中，由于冷却条件恶化等因素，壁温在短时间内快速上升，使钢材的屈服强度急剧下降，在相对较低的应力作用下发生永久变形。

这种情况一般发生在锅炉、燃烧器管、加热炉炉管（结焦）及耐火衬里破损等用于高温环境下的设备，容器的局部温度过高，致使材料的机械性能降低而产生鼓包（图 4-23），这种变形将使容器这一区域的壁厚进一步减薄。

图 4-23 过热致材质劣化导致鼓包示图

过热的损伤形态一般表现为：局部鼓胀、伸长等明显变形；壁厚减薄；因损伤导致失效而产生的破裂口呈张开的鱼嘴状。

过热一般是因操作不当造成（如超温、超压），壳体钢材有明显的塑性变形，除了要测量最大变形处的壁厚、鼓包面积和变形量外，还需要增加金相检验、硬度检测等手段，查清鼓包本身及局部材料是否能够在正常运行条件下继续使用。

按照 TSG R7001—2013《压力容器定期检验规则》评定一般有两种结果，即采取有效防护措施，短期评 4 级监控使用；评 5 级报废或彻底维修。

4.1.1.7　腐蚀

腐蚀是压力容器特别是在化工容器在使用过程中最容易产生的一种缺陷。它是由金属与所接触的介质产生化学或电化学反应所致。容器的腐蚀可以是均匀腐蚀、点腐蚀、晶间腐蚀、应力腐蚀和疲劳腐蚀。不论是哪一种腐蚀，严重时都会导致容器的失效或破坏。

压力容器的内、外表面都可以产生腐蚀。容器的外壁一般是大气腐蚀，大气的腐蚀作用与地区和季节有密切关系，在干燥的地区或季节，大气的腐蚀比潮湿地区或多雨季节轻微得多。压力容器外壁的腐蚀多产生于经常处于潮湿状态、易于积存水分和湿气的部位。在大气腐蚀中，容器与支架的接触面、容器与地面接触的部分容易产生腐蚀。容器内壁的腐蚀主要是由于工作介质或它所含有的杂质作用而产生的。一般来说，工作介质具有明显腐蚀作用的容器，设计时都采取防腐蚀措施，如选用耐腐蚀材料、进行表面处理或表面涂层、在内壁加衬里等。因此，这些容器内壁的腐蚀常常是因为防腐蚀措施遭到破坏而引起的。容器正常的运行工艺条件被破坏也会引起内壁的腐蚀，例如干燥的氯对钢制容器不产生腐蚀作用，而如果氯气中含有水分或充装氯气的容器因进行水压试验后没有干燥，或由于其他原因进入水分，则氯气与水作用生成盐酸或次氯酸，就会对容器内壁产生强烈的腐蚀作用。压力容器的某些结构也可引起或加剧腐蚀作用，例如带有腐蚀性沉积物的容器，排出管高于容器的底平面，使容器底部长期积聚有腐蚀性的沉积物，因而产生腐蚀。此外，焊缝及热影响区、铆接容器的铆钉周围及接缝区都是比较容易产生腐蚀的地方。

容器外壁的腐蚀一般是均匀腐蚀或局部腐蚀，用目视检测的方法即可发现。外壁涂刷有油漆防护层的容器，如果防护层完好无损，而且又没有发现其他可疑迹象，一般不需要清除防护层来检查金属壁的腐蚀情况。外壁面有保温层或其他覆盖层的容器，如果保温材料对器壁材料无腐蚀作用，或容器壳体有防腐层，在保温层完好无损的情况下，也可以不拆除保温层，但如果发现泄漏或其他有可能引起腐蚀的迹象，则至少在可疑之处拆除部分保温层进行检查。

容器内壁可能有各种形式的腐蚀。对均匀腐蚀和局部腐蚀也可以通过目视检测的方法进行检验。对晶间腐蚀和断裂腐蚀（应力腐蚀和疲劳腐蚀），除了严重的晶间腐蚀可以用锤击检查有所发现外，一般用目视检测难以判断，常用金相检验、化学成分分析和硬度测定来综合分析。

经目视检测发现容器内壁或外壁有均匀腐蚀或局部腐蚀时应测量被腐蚀处的剩余厚度，从而确定器壁的腐蚀厚度和腐蚀速率。

TSG R7001—2013《压力容器定期检验规则》对腐蚀缺陷评定的规定如下：

第四十一条　有腐蚀的压力容器，按照以下要求评定安全状况等级：

（一）分散的点腐蚀，如果腐蚀深度不超过壁厚（扣除腐蚀余量）的1/3，不影响定级；如果在任意200mm直径的范围内，点腐蚀的面积之和不超过4500mm^2，或者沿任一直径点腐蚀长度之和不超过50mm，不影响定级；

（二）均匀腐蚀，如果按照剩余壁厚（实测壁厚最小值减去至下次检验期的腐蚀量）强度校核合格的，不影响定级；经过补焊合格的，可以定为2级或者3级；

（三）局部腐蚀，腐蚀深度超过壁厚余量的，应当确定腐蚀坑形状和尺寸，并且充分考虑检验周期内腐蚀坑尺寸的变化，可以按照本规则正文第三十八条的规定定级；

（四）对内衬和复合板压力容器，腐蚀深度不超过衬板厚度或者复层厚度1/2的不影响定级，否则应当定为3级或者4级。

按照TSG R7001—2013《压力容器定期检验规则》的规定，对腐蚀缺陷的评定处理要根据容器的具体使用情况而定，一般原则是：

（1）内壁发现应力腐蚀、晶间腐蚀、疲劳腐蚀等情况时，须分析原因。如果腐蚀是轻微的，允许根据具体情况，在改变原有工作条件下使用；如果腐蚀严重，需要进行合于使用的三级评定，确定设备是否可以继续使用。

（2）存在分散点腐蚀，但不妨碍工艺操作时（不存在裂纹、腐蚀深度小于计算壁厚的1/3），可对缺陷不作处理继续使用。

（3）均匀腐蚀和局部腐蚀按剩余厚度不小于计算厚度的原则，确定其继续使用、缩小检验间隔期限、降压使用或判废。

但需要指出的是，TSG R7001—2013《压力容器定期检验规则》的规定是普遍意义的要求，在实际工作中需要明确各种腐蚀形态的定义、充分考虑腐蚀发生的条件（材料、介质）以及腐蚀速率，做出合理评定，切不可生搬硬套。

常见的腐蚀形态有全面腐蚀和局部腐蚀，现就这类腐蚀缺陷的理解说明如下。

（1）全面腐蚀

全面腐蚀表现为均匀腐蚀和不均匀腐蚀。均匀腐蚀示图如图4-24所示，不均匀腐蚀示图如图4-25所示，碳钢内表面均匀腐蚀示图如图4-26所示，不锈钢内表面均匀腐蚀示图如图4-27所示，碳钢内表面不均匀腐蚀示图如图4-28所示，不锈钢内表面不均匀腐蚀示图如图4-29所示。

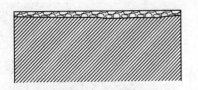

图 4-24　均匀腐蚀示图

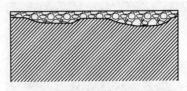

图 4-25　不均匀腐蚀示图

(a)

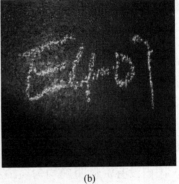

(b)

图 4-26　碳钢内表面均匀腐蚀示图

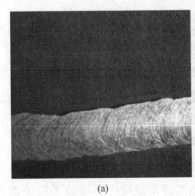

(a)

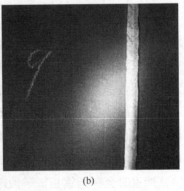

(b)

图 4-27　不锈钢内表面均匀腐蚀示图

　　均匀腐蚀一般表现为各部位腐蚀速率接近，金属表面呈现比较均匀地减薄，无明显的腐蚀形态差别，同时也允许具有一定程度的不均匀性。

图 4-28 碳钢内表面
不均匀腐蚀示图

图 4-29 不锈钢内表面
不均匀腐蚀示图

API 581《基于风险的检验》对均匀腐蚀和局部腐蚀分别给出了定义，其均匀腐蚀的定义为：腐蚀作用在 10% 以上表面积和壁厚变化小于 1.27mm（约 50 mils）的腐蚀。对局部腐蚀的定义为：腐蚀作用在 10% 以下表面积或壁厚变化大于 1.27mm（约 50 mils）的腐蚀。国内没有资料明确均匀腐蚀和局部腐蚀的定义，在实际工作中可以参考 API 581《基于风险的检验》中的相关规定。

（2）局部腐蚀

局部腐蚀一般形态有点蚀（孔蚀）、缝隙腐蚀及丝状腐蚀、电偶腐蚀（接触腐蚀）、晶间腐蚀、选择性腐蚀等腐蚀形态。

点蚀又称孔蚀，是一种腐蚀集中在金属表面的很小范围内，并深入到金属内部的小孔状腐蚀形态，蚀孔直径小，深度深，其余地方不腐蚀或腐蚀很轻微。点蚀在奥氏体不锈钢材料上表现最为突出。在真正的点蚀发生前，不锈钢材料表面保护性的氧化层中会先形成直径几个微米、呈亚稳定状态的微型凹陷，产生小孔然后发生急剧腐蚀，严重时会穿透钢板。一般不能以质量减少多少或者腐蚀面积来评价其腐蚀程度。不锈钢点蚀是一种很危险的局部腐蚀，多发生在含有氯、溴、碘等的水溶液中，评定时一定要考虑使用条件下的腐蚀速率。

不锈钢点蚀的特征：孔径（小）（一般直径只有几微米）；洞口

有（腐蚀产物）遮盖；金属损失量（小）；蚀孔通常沿（重力）方向生长。

不锈钢点蚀的特征示图如图 4-30 所示，不锈钢点蚀（单一孔蚀）特征示图如图 4-31 所示，不锈钢分散的点蚀特征示图如图 4-32 所示，不锈钢密集点蚀特征示图 I 如图 4-33 所示，不锈钢密集点蚀特征示图 II 如图 4-34 所示。

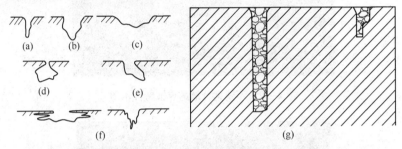

图 4-30　不锈钢点蚀特征示图

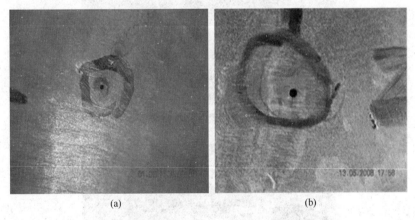

图 4-31　不锈钢点蚀特征示图（单一孔蚀）

点蚀或孔蚀的定量检测方法：通过目视和低倍显微镜对被腐蚀的金属表面进行表观检查；对照标准样图（图 4-35），确定受腐蚀金属表面的孔蚀严重程度，测定蚀孔的数目、尺寸、形状和密度。

图 4-32　不锈钢分散的点蚀特征示图

图 4-33　不锈钢密集点蚀特征示图 I

图 4-34　不锈钢密集点蚀特征示图 II

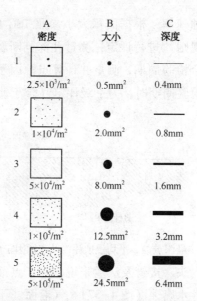

	A 密度	B 大小	C 深度
1	$2.5 \times 10^3/m^2$	$0.5mm^2$	$0.4mm$
2	$1 \times 10^4/m^2$	$2.0mm^2$	$0.8mm$
3	$5 \times 10^4/m^2$	$8.0mm^2$	$1.6mm$
4	$1 \times 10^5/m^2$	$12.5mm^2$	$3.2mm$
5	$5 \times 10^5/m^2$	$24.5mm^2$	$6.4mm$

图 4-35 评定孔蚀特征的标准样图

孔蚀深度测量时，测量一定面积内 10 个最深孔的平均孔蚀深度和最大孔蚀深度。该平均孔蚀深度按下式计算：

$$\bar{d} = \frac{\sum\limits_{i=1}^{10} d_i}{10}$$

式中 d_i（$i=1$，2，…，10）——被测孔蚀深度，μm；

$\bar{d}$——被测面积内 10 个最深腐蚀孔的平均孔蚀深度，μm。

点蚀因子 γ 定义（图 4-36）如下：

$$\gamma = \frac{d_{max}}{d_a}$$

式中 d_{max}——实际测到的最大孔蚀深度，μm；

d_a——平均腐蚀深度，μm。

点蚀的评定一定要细致，一般对其进行定量（分布、孔深）确定严重程度和腐蚀速率，根据面积大小参照 TSG R7001—2013《压力容器定期检验规则》进行评定，测量孔深判断腐蚀速率，确定是否能运行到下一个检验周期，测量并计算点蚀因子是按正常情况无法运行到下一个检验周期时，为三级评定（合于使用评定）提供评定数据。

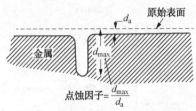

图 4-36　最深点蚀、平均侵蚀深度及点蚀因子的示意图

对于筒体、封头、接管及法兰来说，除了点蚀外的局部腐蚀形态主要表现为酸性水腐蚀（图 4-37）、气液面（干湿交替）局部腐蚀、露点腐蚀、冲刷腐蚀等（图 4-38）。

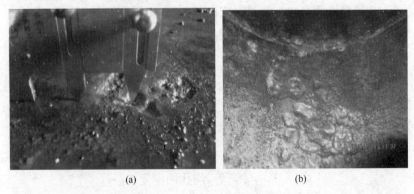

(a)　　　　　　　　　　　　(b)

图 4-37　局部酸性水腐蚀凹坑形态示图

这类腐蚀的评定，按照 TSG R7001—2013《压力容器定期检验规则》第四十一条评定即可。

对于有复合层和堆焊层的压力容器，腐蚀的形态主要同样是以不锈钢的点蚀为主，要特别注意不能照搬"腐蚀深度不超过衬板厚度或者复层厚度 1/2 的不影响定级"，一定要考虑腐蚀速率，按上述要求及情况进行测量评定。对于其他如选择性腐蚀、晶间腐蚀、应力腐蚀等形态还要增加金相检验、铁素体含量测定等方法，综合考虑强度、泄漏、材质劣化等各方面因素，以影响设备安全运行最严重后果进行评定，确实评定困难时，提供数据进行三级评定。

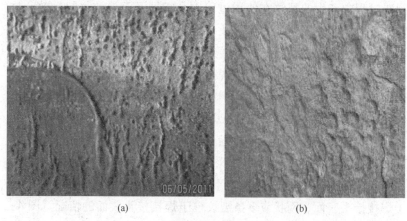

(a)　　　　　　　　　　　(b)

图4-38　冲刷及露点腐蚀凹坑形态示图

4.1.1.8　密封面损伤

法兰密封面损伤（图4-39）直接影响介质密封性能，这类情况一般要进行修复或更换，并在投用前进行外观检验及耐压试验，合格后方可投用。

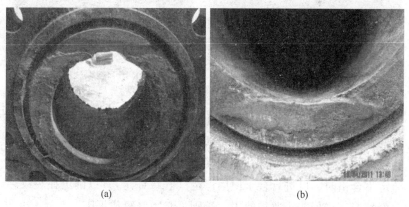

(a)　　　　　　　　　　　(b)

图4-39　法兰密封面损伤示意图

4.1.2 焊接接头

4.1.2.1 裂纹

焊接接头是容器制造过程中质量最不容易控制的环节，在焊接过程中可能产生各种裂纹，消除应力热处理过程中也可能产生裂纹。制造过程中产生的裂纹在使用过程中会扩展乃至导致材料失效，材料的失效机理因所受应力、介质环境不同而不同，但均以开裂模式呈现。制造遗留裂纹一般在焊接接头的内部，而使用过程中产生的裂纹大多在焊接接头的表面。焊接接头裂纹虽然在内、外表面的各个部位都可能存在，但焊缝与焊接热影响区以及局部应力过高的部位最容易产生裂纹。

焊接接头的表面裂纹可以通过目视有效检测。目视检查时发现裂纹或裂纹迹象后，通常需要采用无损检测手段进一步加以确认，如采用液体渗透检测或磁粉检测。实际检验中经常遇到单一裂纹位于焊接接头表面、网状或多条裂纹位于焊接接头表面的情况。图4-40~图4-54是通过目视检测发现的裂纹，为了更清楚的呈现裂纹形貌，部分裂纹通过渗透或磁粉检测方法展示。

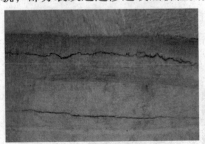 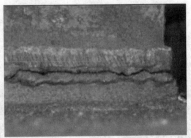

图4-40　对接焊接接头热　　　　图4-41　对接焊接接头焊缝
影响区表面裂纹示图　　　　中心表面裂纹示图

同样，裂纹缺陷的二级评定不允许任何裂纹存在，必须进行打磨处理。打磨后形成的凹坑按TSG R7001—2013《压力容器定期检验规则》第三十八条规定进行计算评定。如果无法进行凹坑评定或评定不合格时，可进行合于使用评定（三级评定），以确定在裂纹存在的情况下容器能否监控使用。否则，必须修复或报废。

图 4-42　对接焊接接头热
影响区表面裂纹示图

图 4-43　对接焊接接头热
影响区表面裂纹示图

图 4-44　对接焊接接头
焊缝表面裂纹示图

图 4-45　对接焊接接头
焊缝表面裂纹示图

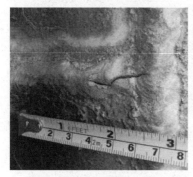

图 4-46　对接焊接接头焊缝
表面裂纹示图

图 4-47　触媒框焊缝开裂示图
（氨合成塔内件）

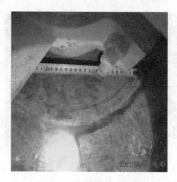

图 4-48　角焊接接头表面单条　　　图 4-49　角焊接接头表面多条
裂纹示图（D 类焊接接头）　　　　裂纹示图（D 类焊接接头）

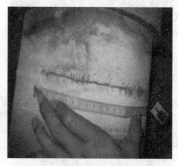

图 4-50　角焊接接头内表面单条　　　图 4-51　接管焊接接头外表面
裂纹示图（D 类焊接接头）　　　　裂纹示图（B 类焊接接头）

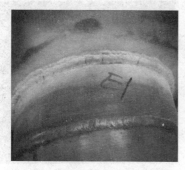

图 4-52　角焊接接头表面多条横向　　　图 4-53　接管角焊接接头表面
裂纹示图（D 类焊接接头）　　　　裂纹示图（D 类焊接接头）

图 4-54　法兰与壳体连接焊接接头表面裂纹示图（C 类焊接接头）

角焊接接头（D 类焊接接头）、法兰与壳体和接管连接的 C 类焊接接头处容器结构几何不连续，所以 C 类、D 类焊接接头表面裂纹不能打磨成凹坑形状进行评定。另外，裙座、支撑件与容器筒体连接的焊接接头裂纹不适合消除后进行凹坑评定，一般需要进行补焊维修处理。

4.1.2.2　咬边

咬边是焊缝成型中常见的缺陷，咬边不仅会减少母材的有效截面积，还可能在咬边处引起应力集中。对于低合金高强钢，咬边的边缘组织被淬硬，易引起裂纹。

焊缝内表面咬边（图 4-55～图 4-60）对设备的使用影响较大。

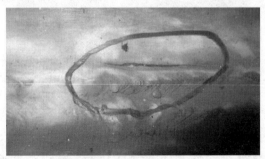

图 4-55　焊缝内咬边形态示图 A

TSG R7001—2013《压力容器定期检验规则》关于咬边的规定如下：

第四十条　内表面焊缝咬边深度不超过 0.5mm、咬边连续长度不超过 100mm，并且焊缝两侧咬边总长度不超过该焊缝长度的 10%

图 4-56　焊缝内咬边形态示图 B

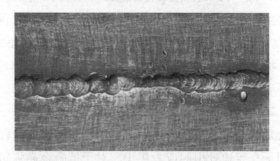

图 4-57　焊缝内咬边形态示图 C

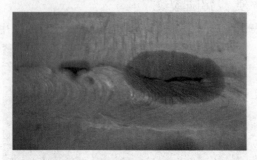

图 4-58　焊缝内咬边形态示图 D

时；外表面焊缝咬边深度不超过 1.0mm、咬边连续长度不超过 100mm，并且焊缝两侧咬边总长度不超过该焊缝长度的 15% 时，按照以下要求评定其安全状况等级：

（一）一般压力容器不影响定级，超过时应当予以修复；

（二）罐车或者有特殊要求的压力容器，检验时如果未查出新生

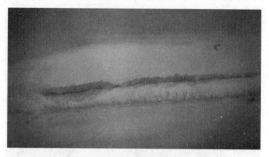

图 4-59 焊缝内咬边形态示图 E

图 4-60 焊缝内咬边形态示图 F

缺陷（例如焊趾裂纹），可以定为 2 级或者 3 级；查出新生缺陷或者超过本条上述要求的，应当予以修复；

（三）低温压力容器不允许有焊缝咬边。

实际工作中按照 TSG R7001—2013 第四十条执行。

4.1.2.3 气孔和夹渣

焊缝表面气孔（图 4-61～图 4-63）对焊缝的强度影响不大，但气孔的深度直接影响焊接接头的承载能力，且可能发生泄漏。所以对其评定主要是孔深的定量。具体评定原则可参考 TSG R7001—2013 关于点蚀的规定。

表面夹渣对焊缝的强度影响不大，但其可影响焊缝成型及其几何尺寸，在内表面接触介质时容易形成腐蚀，破坏焊缝的承载能力。

4.1.2.4 焊缝余高、错边、棱角度、未填满

焊缝余高、错边、棱角、未填满都影响焊接接头的承载能力，

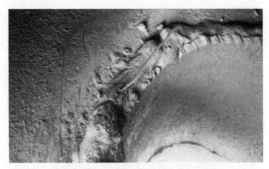

图 4-61 焊缝气孔形态示图 A

图 4-62 焊缝气孔形态示图 B

图 4-63 焊缝气孔形态示图 C

所以要对其参数进行控制。TSG R7001—2013《压力容器定期检验规则》的规定如下：

第四十三条 错边量和棱角度超出相应制造标准，根据以下具体情况综合评定安全状况等级：

（一）错边量和棱角度尺寸在表 1 范围内，压力容器不承受疲劳载荷并且该部位不存在裂纹、未熔合、未焊透等缺陷时，可以定为 2 级或者 3 级；

表1　错边量和棱角度尺寸范围　　　　　　mm

对口处钢材厚度 t	错边量	棱角度（注5）
$t \leq 20$	$\leq 1/3t$，且≤ 5	$\leq (1/10t+3)$，且≤ 8
$20 < t \leq 50$	$\leq 1/4t$，且≤ 8	
$t > 50$	$\leq 1/6t$，且≤ 20	
对所有厚度锻焊压力容器		$\leq 1/6t$，且≤ 8

注5：测量棱角度所用样板按照相应制造标准的要求选取。

（二）错边量和棱角度不在表 1 范围内，或者在表 1 范围内的压力容器承受疲劳载荷或者该部位伴有未熔合、未焊透等缺陷时，应当通过应力分析，确定能否继续使用；在规定的操作条件下和检验周期内，能安全使用的定为 3 级或者 4 级。

焊缝余高的测量示图如图 4-64 所示，焊缝错边示图如图 4-65 所示，焊缝未填满示图如图 4-66~图 4-67 所示。

图 4-64　焊缝余高的测量示图

4.1.2.5　泄漏

焊接接头（图 4-68）泄漏一般因有穿孔和开裂所致，但不论是穿孔还是开裂，一旦发生必须进行修复或报废设备，修复后按检验结果重新评定安全状况等级。

图 4-65　焊缝错边示图

错边处

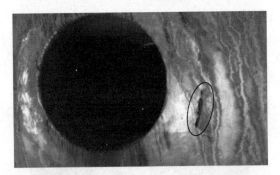

图 4-66　角焊缝内表面未填满示图

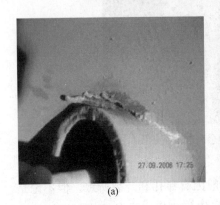

(a)

(b)

图 4-67　焊缝未填满示图

图 4-68　焊接接头泄漏示图

4.1.2.6　腐蚀

在压力容器检验中，由于焊缝存在一定余高，检验人员常常注重母材的各种腐蚀缺陷，如点腐蚀、均匀腐蚀等，而对焊缝腐蚀重视不够。事实上，在某些特定环境下运行的压力容器极易产生焊缝腐蚀。焊缝腐蚀的危害程度不亚于其他类型的腐蚀缺陷。工程实践中已有因焊缝腐蚀而导致压力容器泄漏失效的事故。

对焊缝腐蚀缺陷的评定，首先需了解压力容器焊缝腐蚀的类型、特征及其产生机理，才能准确判断，合理评定。

焊缝腐蚀的类型按产生的部位可分为对接焊缝腐蚀、角焊缝腐蚀和填角焊缝腐蚀；按占焊缝长度比例可分为全焊道腐蚀、部分焊道腐蚀和点焊缝腐蚀；按产生的环境可分为化学焊缝腐蚀、电化学焊缝腐蚀和综合性焊缝腐蚀。后两者是常见的焊缝腐蚀类型，而化学焊缝腐蚀很少单独出现；按有无伴生裂纹可分为无裂纹焊缝腐蚀和伴生裂纹焊缝腐蚀。后者一般多为极其危险的焊缝应力腐蚀。

焊缝腐蚀的特征不同于产生于母材的其他腐蚀缺陷。焊缝腐蚀具有选择性，这种腐蚀仅发生于焊缝及热影响区，几乎不扩散到母材。焊缝腐蚀的速率是变化的。焊缝腐蚀一般分为两个过程，开始其腐蚀速率小，而经过一段时间腐蚀后，其腐蚀速率突然加大，以致可在极短时间内导致焊缝失效。因此，可以认为焊缝腐蚀是发生于在役压力容器焊缝及热影响区腐蚀速率有变化的腐蚀缺陷。图4-69~图4-73是几种焊缝表面腐蚀形态示图。

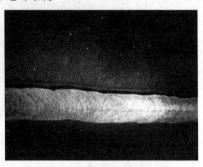

图4-69　焊缝表面腐蚀
形态示图

图4-70　不锈钢焊缝热影响区
刀线腐蚀形态示图

图4-71　焊缝咬边处形成的选择性腐蚀形态示图

　　影响焊缝腐蚀产生和发展的因素较多，冶金因素、环境因素和应力因素是焊缝腐蚀产生和发展的主要因素。

　　焊接过程是个复杂的冶金过程，必然使焊缝金属具有化学成分不均匀性和组织不均匀性，而这些不均匀性又导致焊缝金属不同点电极电位的差别，从而有构成原电池的条件，为焊缝腐蚀留下了隐患。从检验实践中可知，焊缝化学成分和组织不均匀的部位特别容易产生焊缝腐蚀，如埋弧自动焊焊缝的收弧处和异种金属焊接的焊缝。

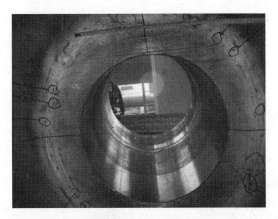

图 4-72　不锈钢堆焊焊缝点蚀形态示图

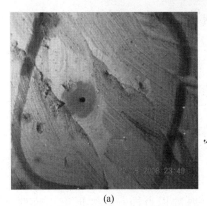

(a)

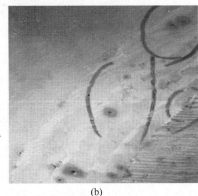

(b)

图 4-73　不锈钢焊缝点蚀形态示图

环境是影响材料腐蚀的重要因素。压力容器不仅受到内部介质的冲刷、磨损和腐蚀，还要受到使用条件诸如水、汽、雾等外部介质的污染和腐蚀，环境条件是焊缝腐蚀产生和发展的外部条件。

应力虽然不是产生焊缝腐蚀的必要条件，但应力对焊缝腐蚀的影响不可忽视，特别是应力对焊缝腐蚀的发展速度起着"催化剂"的作用。首先，当压力容器焊缝存在附加应力源时，将诱发焊缝腐蚀的产生。例如焊缝的错边量和棱角度是附加应力源，当错边量和棱角度较小时，其产生的附加应力较小，对焊缝腐蚀的产生和发展影响不大。但过大的错边量和棱角度将使焊缝处的应力分布变大，焊缝的局部应力增高。这种高应力部位将成为阳极，构成原电池，在介质作用下诱发焊缝腐蚀。当焊缝腐蚀产生后，经过一段时间，高应力作用可在发生焊缝腐蚀的表面产生微裂纹，而裂纹的端部又产生应力集中，介质渗入裂纹并在其压力作用下促进裂纹发展，暴露出新的表面，使材料在更大的范围内被介质腐蚀。裂纹如果不被修复，这个过程会重复进行，直至焊缝失效。其次，焊缝腐蚀形成后，导致焊缝处形成低于母材的凹槽。这种凹槽实际上成为焊缝的缺口，该缺口前端可形成应力集中，缺口的深宽比越大，应力越集中，对焊缝腐蚀的促进作用就越大。

由于存在以上诸多因素的影响，焊缝的腐蚀常常伴有更严重的失效后果，所以在检验检测时不仅要高度重视，而且要全面详实，缺陷评定时需要认真分析，客观准确。

焊缝腐蚀缺陷评定的总原则：腐蚀发生在焊缝余高上，打磨、消除、圆滑过渡处理，打磨面未低于母材平面时不影响定级；打磨面低于母材平面或腐蚀发生在热影响区，打磨、消除、圆滑过渡处理后，按 TSG R7001—2013《压力容器定期检验规则》凹坑进行评定；腐蚀发生在热影响区且伴有腐蚀开裂现象，需要增加检测项目，综合分析，必要时进行三级评定；腐蚀以点蚀、孔蚀形态出现时，一定要对腐蚀的深度进行测量，谨慎判断腐蚀速率和可能的后果，按前节点蚀内容进行客观评定。

需要指出的是，当发生点蚀情况时，对有复合层或堆焊层的容器，若腐蚀介质穿透耐蚀层后，腐蚀的速率将很难判断，往往在很短时间可能穿透整个基层，对其腐蚀速率的掌握十分重要。如图 4-74 所示是一台带复合层的气液分离器，介质为含氯离子、二氧化碳的天然气，堆焊表面发现大量点蚀，通过测量最大腐蚀深度达到了6.5mm，而复合层厚度为 4mm，虽然堆焊厚度要大于 4mm，但点蚀的深度已经到达基层。实际对点蚀部位的修复过程中发现，点蚀孔已经深入基层，有些点蚀部位甚至发生层下开裂，裂纹深度已达10mm。

图4-74　不锈钢堆焊焊缝点蚀深度测量示图

4.1.3　开孔与补强

开孔与补强的问题一般有大开孔、开孔位置不当、有无补强、补强板的规格尺寸以及补强板上信号孔开设等。这些问题的评定主要考虑是否满足设计要求并满足使用条件。实际工作中按 TSG R7001—2013《压力容器定期检验规则》第三十七条第五款的规定执行。

第三十七条　有不合理结构的，按照以下要求评定安全状况等级：

（五）如果开孔位置不当，经过检验未查出新生缺陷（不包括正常的均匀腐蚀），对于一般压力容器，可以定为2级或者3级；对于有特殊要求的压力容器，可以定为3级或者4级；如果开孔的几何参数不符合相应标准的要求，其计算和补强结构经过特殊考虑的，不影响定级；未作特殊考虑的，可以定为4级或者5级。

4.2　B类缺陷

4.2.1　基础与支座

基础与支座一般有直立压力容器和球形压力容器支柱的铅垂度、多支座卧式压力容器的支座膨胀孔以及基础下沉、倾斜、支座或支撑开裂（图4-75和图4-76）等问题。这些问题不影响设备的使用功能，但影响设备的安全和系统生产安全。TSG R7001—2013《压力容器定期检验规则》中没有明确的规定，需要结合实际情况分析，及时处理。

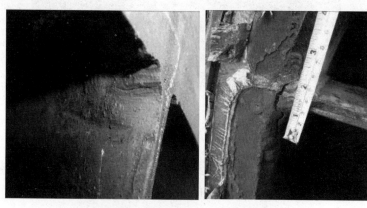

图4-75　压力容器支承件开裂示图

图4-76　卧式容器鞍座开裂示图

4.2.2　排放（疏水、排污）装置

排放装置的作用是疏水、排污，所以主要有管道堵塞、腐蚀、沉积物堆积等问题。对于疏水功能的影响，一般不会对设备的安全运行造成影响，可以通过修缮维护恢复其功能。但对于排污功能的影响，如排污管堵塞、穿孔、阀门失效等情况，需要及时处理。因

为其排污功能的丧失可能造成容器内部污垢的沉积，特别容易形成垢下腐蚀、设备工艺性能下降等问题。图4-77所示为某设备因排污管堵塞造成容器内部大量积污，产生严重的腐蚀使之不能正常使用的实例示意。

图4-77 排污管堵塞形成的容器内部垢下腐蚀现象示图

4.2.3 检漏孔

检漏孔一般设置在多层包扎容器中。检漏系统的作用之一是在衬里发生泄漏时，能通过检漏通道及时把渗漏出来的介质排放出去，防止腐蚀介质腐蚀容器的基层材料，避免恶性爆炸事故的发生。检漏系统是多层包扎设备的一个重要组成部分，对设备的安全运行起预警和保障作用。一般由检漏管、检漏孔和检漏通道三部分组成。检漏时检漏介质由检漏孔进入外壳与衬里之间，再通过检漏通道对焊缝检漏，泄漏物也通过检漏通道及时排出。所以检漏孔的堵塞、腐蚀失效对设备的安全运行有影响，需要按实际情况及时做出是否失效或丧失其预警功能的评判并及时处理。

4.2.4 衬里、堆焊层

带有衬里或堆焊层的压力容器，一般其操作条件苛刻，不是高温即是高压，或介质具有很强的腐蚀性。衬里或堆焊层本身对容器强度不作贡献，一旦遭到破坏，介质接触到基层材料，设备很难运行到一个安全检验周期。所以对衬里、堆焊层的合理评定十分重要。

衬里或堆焊层的失效及缺陷形式主要有破损、脱落、腐蚀、开裂、龟裂、剥离，这些问题涉及到母材和焊接接头，评定主要考虑其耐高温、耐腐蚀性能是否能够正常发挥功效。一般从以下几个方面考虑：

（1）破损、脱落，影响其完整性，必须修复。

（2）剥离，需要根据剥离面积的大小、严重程度确定。一般可以评 3 级继续使用，特别严重时可评为 4 级，监控使用。

（3）点蚀，重点确定腐蚀速率，通过腐蚀速率确定安全状况等级，如不能正常使用，可进行修复。

（4）晶间腐蚀，根据材质劣化的程度确定安全状况等级，一般可以评 3 级继续使用，特别严重时可评为 4 级，监控使用或彻底修复。

（5）裂纹，应力腐蚀开裂须修复评定后使用；其他发生于母材和焊缝表面的龟裂、网状微裂可以评 3 级继续使用；如两周期发现扩展速率较高时可进行修复，评定后继续使用。

4.3　C 类缺陷

4.3.1　安全附件

安全附件是压力容器安全运行的前提和重要保障，通过安全附件可以掌握设备的运行状况，并在可能的失效前提供安全保障。对于已经投入使用的压力容器来说，主要考虑的是安全附件是否齐全、完好，是否具有正常功能，所以评定不对其技术参数、选型做过多考虑，只确定是否合格和具有其功能。

安全附件是否合格按 TSG R7001—2013《压力容器定期检验规则》规定：

安全附件检验不合格的压力容器不允许投入使用。

（1）合格，不影响压力容器定级，投入使用。

（2）不合格，压力容器不能投入使用，维修或更换后投入使用。

4.3.2 密封紧固件

密封紧固件主要有螺栓变形、开裂，这类有缺陷的紧固件没有评定的意义，实际工作也不进行修复，发现问题即进行更换。

4.3.3 隔热层

隔热层的破损、脱落、潮湿等问题主要影响压力容器的工艺性能，一般不影响设备的安全运行，所以发现这些问题需要及时修复，妥善处理，无需做具体评定。

5 压力容器目视检测缺陷的三级评定

压力容器目视检测发现缺陷后，首先应按本书第 3 章的介绍进行一级评定。一级评定不合格，可以按照本书的第 4 章介绍进行二级评定，如果二级评定仍不合格，一般来说可将压力容器的安全等级评为四级或五级，也就是说缺陷应进行返修或对容器实行监控使用。由于压力容器的结构和使用条件千变万化，许多情况下容器缺陷无法返修或返修成本过高，有时返修还可能带来新的风险，这时可以选择对缺陷进行三级评定，即 TSG R7001—2013《压力容器定期检验规则》中所述的合于使用评定。如果三级评定仍不合格，则缺陷必须经返修后，容器方能投入运行。本章对各种目视检测缺陷的三级评定方法做一个详细地介绍。主要从以下 7 个方面进行了阐述：

(1) 缺陷评定的基础、技术方法；

(2) 裂纹类缺陷评定方法；

(3) 凹坑类缺陷的评定方法；

(4) 气孔、夹渣缺陷的评定方法；

(5) 变形缺陷的评定方法；

(6) 材料劣化评定方法；

(7) 分层缺陷的评定方法。

5.1 压力容器目视检测缺陷三级评定的基础

压力容器目视检测缺陷的三级评定应充分考虑缺陷类型和损伤机理。在进行缺陷评定之前，必须分清楚缺陷的成因及性质，否则再正确的评定方法也可能得到错误的评定结论。例如，使用中产生的缺陷，一旦继续投入使用，缺陷还会加剧，如果评定中对这一点未加考虑，评定结果就会偏于危险。

在进行三级评定之前，首先要分清缺陷形式、缺陷形成、评定方法、评定数据以及评定判据这5个问题。

压力容器目视检测缺陷评定的流程如图5-1。

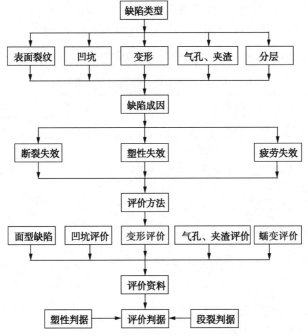

图5-1 压力容器目视检测缺陷评定流程示图

5.1.1 缺陷类型划分

根据本书第2章表2-1（压力容器目视检测部位及缺陷汇总表）中的分类，对表中序号1、序号2、序号3的A类缺陷进行评价，包括裂纹、鼓包、机械损伤、工卡具焊迹、电弧灼伤、飞溅、焊瘤、凹坑、变形、泄漏、过热、腐蚀、密封面损伤、咬边、气孔、夹渣、表面成型、焊缝余高、错边、棱角度、未填满、焊脚高度。根据超标缺陷的性质可将缺陷规则化为脆性断裂、腐蚀减薄、局部腐蚀减薄、点腐蚀、鼓包或分层、焊接错边和变形、过热蠕变等。

在某些情况下，如果构件的损伤机理不太明显，可能需要使用几种的评价方法加以评定，以最严重的评价结果作为评定结论。例如，一个构件的金属损失可能与一般腐蚀、局部腐蚀、点蚀都相关。如果有多种损伤存在（如同时有腐蚀、磨蚀损伤），就应先进行低等级的评价，以便使此种评价更为合理。

根据缺陷的宏观表现形式，可以将缺陷进行归类划分，以便采用针对性的评定方法。压力容器目视检测缺陷归类划分见表5-1。

表5-1　压力容器目视检测缺陷归类划分

序号	缺 陷 类 型	归一化处理类型	评价方法
1	裂纹、咬边、腐蚀	表面裂纹	裂纹评价
2	机械损伤、工卡具焊迹、电弧灼伤、飞溅、焊瘤、凹坑、未填满、腐蚀、密封面损伤	凹坑	凹坑评价
3	变形、表面成型、焊缝余高、错边、棱角度、焊脚高度	变形	变形评价
4	过热	材料劣化	蠕变评价
5	气孔、夹渣	气孔、夹渣	气孔、夹渣评价
6	鼓泡、分层	分层	分层评价

5.1.2　损伤模式

在对缺陷进行评定之前，首先应判断其损伤模式。损伤模式的判断应依据同类压力容器或结构的失效分析和安全评定案例与经验、被评定的压力容器或结构的制造和检验资料、使用工况以及对缺陷的理化检验和物理诊断结果，同时对可能存在的腐蚀、应力腐蚀、高温蠕变环境等对失效模式和安全评定的影响也应予以充分地考虑。

根据压力容器和压力管道工艺参数、操作参数、工艺介质和材料等确定缺陷的性质、缺陷产生的原因，依据 API 581《基于风险的检验》、API 571《适用性评价》和相关标准中对承压设备损伤模式的划分，将产生的缺陷损伤模式进行归类，可分为腐蚀减薄、环境开裂、材质劣化、机械损伤和其他。

失效模式包括断裂失效、塑性失效和疲劳失效。

断裂失效包括脆性断裂和韧性断裂，其中脆性断裂包括低温脆断、回火脆、475℃脆断、σ相脆断、晶间腐蚀、应力腐蚀；韧性断裂包括球化、腐蚀减薄、蠕变、过载、冲击腐蚀减薄等；塑性失效包括球化、腐蚀减薄、蠕变、过载、冲击腐蚀减薄；疲劳失效包括机械疲劳、热疲劳和腐蚀疲劳。

5.1.3 评定方法

评定方法的选择应以避免在操作工况（如再生工况、精制工况和裂化方案等）、设备的开停工况和水压试验工况下安全评定期内发生各种模式的失效而导致事故的可能性为原则。一种评定方法只能评价与其相应的失效模式，只有对各种可能的失效模式进行分别评定后，才能作出该含有超标缺陷的容器或结构是否安全的结论。我国 GB/T 19624—2004《在用含缺陷压力容器安全评定》中给定的四类缺陷的评价方法分别为面型缺陷的简化评定、面型缺陷的常规评定、凹坑评定和气孔夹渣评定。API 579《适用性评价》中规定了鼓泡、分层评价方法和变形评价方法。我国相关电力标准中给出了蠕变评定方法。

根据 GB/T 19624—2004《在用含缺陷压力容器安全评定》，将缺陷归类分为平面缺陷和体积缺陷，其中平面缺陷包括裂纹、未熔合、未焊透、深度大于等于 1mm 的咬边等；而体积缺陷包括凹坑、气孔、夹渣、深度小于 1mm 的咬边等。其他的缺陷可以参照 API 579《适用性评价》中的相应规定，如错边、变形、蠕变等。另外，对于高温材料裂化引起的缺陷可以参照相关电力标准进行评定，如球化、石墨化等。

5.1.4 评定所需的资料

（1）压力容器制造竣工图及强度计算书。

（2）压力容器制造验收的有关资料，包括材料数据、焊接记录、返修记录、无损检测资料、热处理报告、检验记录和压力试验报告等。

（3）压力容器运行状况的有关资料，包括介质情况、工作温度、载荷状况、运行和故障记录及历次检验与维修报告等。

（4）缺陷的类型、尺寸和位置。

（5）结构和焊缝的几何形状与尺寸。

（6）材料的化学成分、力学性能和断裂韧度数据。

（7）由载荷引起的应力。

（8）残余应力。

5.1.5 评价判据

在评定一个含裂纹结构的安全性时，要考虑到两种极端的失效情况，即线弹性断裂和塑性失稳。所有情况均可分别简化为线弹性断裂判据和塑性失稳判据。线弹性断裂判据是以弹塑性断裂理论为基础的，裂纹尖端应力集中，导致裂纹失稳断裂失效，由线弹性断裂准则判定；塑性失稳判据用于有效承载面积下降，导致结构塑性失稳失效，由塑性极限判定。

5.1.5.1 塑性失稳判据

使用设计标准中的公式或线弹性分析技术所进行的结构评价程序，只能对构件不发生破坏所能承担的荷载提供近似的估计。使用非线性应力分析来计算极限载荷和塑性破坏载荷、计算构件的变形特性（包括塑性累积变形）、估计蠕变或疲劳破坏等，可以对构件安全承载能力作出更精确的估计。

在非线性结构分析中，应考虑三种类型的非线性，即几何非线性、材料非线性、及两者的组合。当分析中考虑几何非线性时，则应变-位移关系是非线性的。而考虑材料非线性时，则应力-应变关系是非线性的且可以是弹性或非弹性的。如果是弹性的，则应力与应变之间有唯一确定的关系。如果是非弹性的，则会发生塑性应变，且应力-应变关系呈路径相关性。几何和材料非线性对极限载荷和塑性破坏载荷的确定以及构件的变形特性（包括塑性累积变形）有重要的影响。

当用非线性应力分析（几何或材料非线性）来确定构件的安全承载能力时，应当包括以下评价内容。

（1）在构件的大范围或局部几何不连续区域，应估计其塑性应变集中的影响。需要建立薄膜应变、弯曲应变与峰值应变的累积上限值以确保结构的完整性。

（2）如果荷载引起压应力场，应估计算构件的结构稳定性。如果构件中存在缺陷（例如，凹坑、凸起以及工作荷载引起的圆度误差），评价中应考虑他们的影响。因为某些构件特别是壳体类结构的结构稳定性会因此而大幅降低。

（3）如果荷载是周期性的，如果发生安定即不继续扩大变形，则构件被认为是可以接受的。如果表明发生安定，应利用分析导出的总应变来计算峰值相当应力，以与恰当的疲劳设计曲线作比较。

取极限载荷或塑性破坏载荷的2/3，可以确定带缺陷和不带缺陷的构件的合于使用评价。若认为构件的变形特性很重要（即要求应变极限），则其估计应建立在塑性破坏载荷的基础上。根据有限元分析确定塑性破坏载荷时，使用以下两个判据：

（1）整体判据　整体塑性破坏载荷是通过对特定加载条件下的构件作弹塑性分析而建立起来的。塑性破坏载荷被认为是引起整体结构失稳的荷载。

（2）局部判据　基于局部判据建立的局部塑性破坏载荷，作为规定的加载条件的函数，是对缺陷附近局部破坏的一种量度。这种情况下，局部破坏可用缺陷滞留带域中的最大峰值应变来定义。一方面是将模型中所有点的峰值应变限制在5%。另一方面，当分析中含有材料应变硬化时，通过限制缺陷滞留带域中的净截面应力也能够建立局部破坏的量度。

此外，还应考虑以下内容：构件的使用要求（即局部变形）；与流体静应力、材料韧性、环境影响有关的限制性影响；局部化应变的影响。局部化应变可能在受到环境损伤的材料硬度区中产生。

5.1.5.2 线弹性断裂判据

线弹性断裂判据包括线弹性应力分析方法和可接受性准则。计算构件局部组合应力的等效强度或称相当应力，并与许用应力进行比较，以确定构件是否适用于所设计的工作条件。

构件中某点的相当应力是由应力成分利用屈服准则计算而得到的一种应力的度量。其结果可用来与单轴荷载试验所得到的反映材料力学性能进行对比。计算相当应力使用下列屈服准则。

（1）最大剪应力屈服准则　相当应力等于最大剪应力的 2 倍，即等于三个主应力 σ_i 中代数最大与最小主应力之差：

$$S = 2\tau_{\max} = \max \left[|\sigma_1 - \sigma_2|, |\sigma_2 - \sigma_3|, |\sigma_3 - \sigma_1| \right]$$

（2）最大畸变能屈服准则　相当应力等于 Von Mises 等效应力，推荐使用该强度理论与相当应力。虽然对手算来讲该屈服准则相对复杂一些，但却被广泛应用于有限元分析中，且被公认比最大剪应力屈服准则有更准确的结果。

$$S = \sigma_{\text{Von Mises}} = 1/\sqrt{2} \left[(\sigma_1 - \sigma_2)^2 + (\sigma_2 - \sigma_3)^2 + (\sigma_3 - \sigma_1)^2 \right]^{0.5}$$

五种基本的相当应力类型以及必须满足的极限值定义如下（表5-2）。

（1）普遍基本薄膜应力（P_m），是一种相当应力，它是沿截面厚度的平均应力，这种应力是由设计内压和其他特定机构荷载产生的，但不含所有的第二应力和峰值应力成分。这种相当应力的许用值是 kS_m，此处 k 为各种荷载组合的相当应力系数（表5-3），S_m 为许用相当应力。

（2）局部基本薄膜应力（P_L），是一种相当应力，是沿截面厚度的平均应力，由设计压力和特定机构荷载所产生，但不含所有第二应力和峰值应力成分。如果超过 $1.1S_m$ 的相当应力在子午线方向上距离不超过 Rt（R 是从旋转轴心线垂直于表面度量的中面曲率半径，

t 是被研究区域的最小厚度），则可认为构件中应力的区域是局部的。这一相当应力的许用值是 $1.5kS_{\mathrm{m}}$。

表 5-2　应力分类与相当应力极限

应力分析	基本应力			第二薄膜加弯曲应力	峰值应力
	普遍薄膜应力	局部薄膜应力	弯曲应力		
说明	实体截面上平均基本应力，不含应力不连续和应力集中的情况，仅由机械荷载所产生	任何实体截面上的平均应力。考虑不连续性但不考虑应力集中。仅由机械荷载所产生	正比于到实体截面形心轴的距离的基本应力成分。不含不连续和应力集中情况。仅由机械荷载所产生	满足结构连续性所必须的自平衡应力。发生在结构不连续处。可由机械荷载或不均匀热膨胀所引起。不含局部应力集中	1. 由应力集中（切口）产生的附加到基本应力或第二应力上的增量部分； 2. 可以引起疲劳但不至引起容器变形的热应力

符号

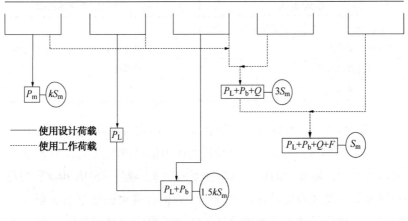

—— 使用设计荷载
------ 使用工作荷载

（3）基本薄膜应力（普遍或局部）加基本弯曲应力（$P_{\mathrm{L}}+P_{\mathrm{b}}$），是由沿截面厚度的最高应力值导出的相当应力，是普遍或局部薄膜应力加上基本弯曲应力，由设计压力和其他特定机械荷载产生，但

不含所有第二应力或峰值应力成分。这种相当应力的许用值是 $1.5kS_m$。

（4）基本应力加第二应力（P_L+P_b+Q），是沿截面厚度任意点的最高应力值，是普遍或局部基本薄膜应力加基本弯曲应力、加第二应力的组合相当应力，是由设计工作压力和其他特定机械荷载以及由普遍热效应所产生的，包括宏观结构不连续性效应而非局部结构不连续性效应（应力集中）。这个相当应力的最大值不超过 $3S_m$。

（5）基本应力加第二应力加峰值应力（P_L+P_b+Q+F），是沿截面厚度任意点的最高应力值，是将由设计的工作压力与其他机械荷载引起的基本应力、第二应力和峰值应力以及普遍和局部的热效应组合的一个相当应力。

三轴应力极限——三个基本主应力的代数和（$\sigma_1+\sigma_2+\sigma_3$）不得超过 $4S_m$。

表 5-3　各种荷载组合的相当应力系数 k

荷 载 组 合	k	计算应力极限的基础
设计载荷-设计压力，容器的静载，机械设备的作用载荷	1.0	基于材料设计温度下的腐蚀后的厚度
设计荷载加风载	1.2	
设计荷载加地震荷载	1.2	

许用相当应力与设备的类型有关，许用相当应力 S_m 描述如下。

（1）原始压力容器设计所使用的应力值将被用作 S_m，但 S_m 决不允许大于设计温度下的最小屈服强度的 2/3。或按 ASME B&PV 规范第Ⅷ卷第 1 册（容器设计）的规定，若构件有和该规范第 2 册（容器设计）的原始要求类似的设计细节和无损检测必要条件，则 S_m 也可以从 ASME B&PV 规范第Ⅷ卷第 2 册选取，并用于合于使用评价。为了作出正确的选择，由熟悉 ASME B&PV 规范第Ⅷ卷第 1 册和第 2 册压力容器设计的工程师作出评价是必要的。

（2）管线中取自实用管线规范（例如 ASME B31.3《工艺管道》）的基本许用应力将被用作 S_m，但 S_m 决不允许大于设计温度下的最小屈服强度的 2/3。

（3）储罐中取自实用储罐设计标准的基本许用应力将被用作 S_m。然而，如果设计应力大于设计温度下规定的屈服强度 σ_{ys} 的 2/3 $\left(\dfrac{2}{3}\sigma_{ys}\right)$ 或抗拉强度 σ_{ts} 的 1/3 $\left(\dfrac{1}{3}\sigma_{ts}\right)$ 两者的较大者，则 S_m 将取 $\left(\dfrac{2}{3}\sigma_{ys}\right)$ 和 $\left(\dfrac{1}{3}\sigma_{ts}\right)$ 中的最小值。

5.2 裂纹评定

5.2.1 断裂的基本类型

在断裂力学分析中，为了研究方便，通常把复杂的断裂形式看成是三种基本裂纹体断裂的组合。三种基本类型分别为 I 型（张开型）断裂、II 型（滑开型）断裂以及 III 型（撕开型）断裂（图 5-2）。

5.2.2 应力场强度因子 K_I

受均匀拉应力 σ 作用的无限大平板，中心有长 $2a$ 的穿透裂纹，为 I 型加载裂纹体的断裂（图 5-3）。

由线弹性断裂力学分析可解得裂纹尖端区域（$r \to 0$ 的区域）的应力场。1957 年，Irwin 得出距裂纹尖端的一点（r，θ）的应力和位移为：

$$\sigma_x = \sigma\sqrt{\pi\alpha}\left[\frac{1}{\sqrt{2\pi r}}\cos\frac{\theta}{2}\left(1-\sin\frac{\theta}{2}\sin\frac{3\theta}{2}\right)\right]$$

$$\sigma_y = \sigma\sqrt{\pi\alpha}\left[\frac{1}{\sqrt{2\pi r}}\cos\frac{\theta}{2}\left(1+\sin\frac{\theta}{2}\sin\frac{3\theta}{2}\right)\right]$$

$$\tau_{xy} = \sigma\sqrt{\pi\alpha}\left[\frac{1}{\sqrt{2\pi r}}\cos\frac{\theta}{2}\sin\frac{\theta}{2}\cos\frac{3\theta}{2}\right]$$

以上三个公式中，σ_x 为 x 方向的拉应力；σ_y 为 y 方向的拉应力；τ_{xy} 为剪切应力；$\sigma\sqrt{\pi\alpha}$ 应力场强度；σ 为加载应力；α 为裂纹半长；θ、r 为极坐标。

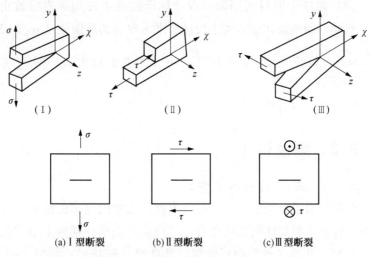

图 5-2 三种基本裂纹体断裂类型

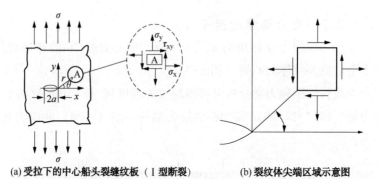

(a) 受拉下的中心船头裂缝纹板（Ⅰ型断裂）　(b) 裂纹体尖端区域示意图

图 5-3 受均匀拉应力 σ 作用的无限大平板中心有穿透裂纹的应力分布

括号内的各项只与研究点的位置坐标 (r, θ) 有关；系数 $\sigma\sqrt{\pi\alpha}$ 与坐标无关，仅取决于加载应力和裂纹尺寸。该系数是裂纹尖端区域应力场的一个共同因子，决定了该应力场的强度。因此称这个系数为应力场强度因子。令 K_I 为应力场强度因子，则：$K_I = \sigma\sqrt{\pi\alpha}$

5.2.3 断裂韧度 K_{IC}

当裂纹体受载增大时，裂尖应力场强度因子 K_I 随之增大。当增大到某一临界值 K_C 时，裂纹体发生失稳断裂。若取最低值为临界值 $K_{C,min}$，并记为 K_{IC}，则按应力场强度因子建立的断裂判据是：$K_I = K_{IC}$

临界应力场强度因子称为材料的断裂韧度。断裂韧度是表征材料抗断裂能力的材料常数，在一定条件下（温度、加载速度）各种材料的断裂韧度值是确定的，是材料常数。与裂纹尺寸、形状、外应力大小无关。

K_I 与 K_{IC} 二者值的异同可以判断裂纹的状态及发展趋势。当 $K_I < K_{IC}$，说明有裂纹，但不会扩展；当 $K_I = K_{IC}$ 时为临界状态；当 $K_I > K_{IC}$，说明发生裂纹扩展，直至断裂。

5.2.4 评价流程

裂纹类缺陷的评定流程可参照 GB/T 19624—2004《在用含缺陷压力容器安全评定》中 5.6.2 节的规定进行（图 5-4）。

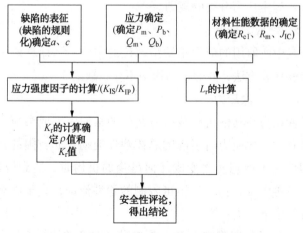

图 5-4 裂纹类缺陷评定流程

5.2.5　应力分析

在进行裂纹类缺陷部位的应力分析时应全面考虑以下各种可能的应力：介质的压力及其产生的应力；介质和结构的重力载荷及其产生的应力；外加机械载荷及其产生的应力；振动、风载等载荷及其产生的应力；焊接引起的焊接残余应力；错边、角变形、壁厚局部减薄、不等厚度等结构几何不连续在载荷作用时所产生的应力；温度差、热胀冷缩不协调等所产生的热温差应力或热应力；其他应该考虑的载荷或应力。

5.2.5.1　应力的分类规则

根据应力的作用区域和性质，将其划分为一次应力 P、二次应力 Q。应力的分类有下列特殊规定：由于管系的热膨胀在接管处引起的应力，按一次应力考虑；焊接产生的残余应力，按二次应力考虑；由错边、角变形、局部厚度差所引起的局部应力，按二次应力考虑；由壁温温度差或材料热膨胀系数不同引起的热应力，按二次应力考虑。

除以上特殊规定外，按 JB 4732—1995《钢制压力容器——分析设计标准》确定应力分类的规则。

5.2.5.2　应力确定

在评定中所取用的应力是缺陷部位的主应力。计算该主应力时采用线弹性计算方法，并假设结构中不存在缺陷。

5.2.5.3　一次应力

为平衡压力与其他机械载荷所必须的法向应力或剪应力。对理想塑性材料，一次应力所引起的总体塑性流动是非自限的，即当结构内的塑性区扩展到使之变成几何可变的机构时，达到极限状态，即使载荷不再增加，仍产生不可限制的塑性流动，直至破坏。一次应力可分为以下三类：

（1）一次总体薄膜应力 P_m。影响范围遍及整体结构的一次薄膜应力。在塑性流动过程中一次薄膜应力不会发生重新分布，它将直接导致结构破坏。

（2）一次局部薄膜应力 P_L。应力水平大于一次总体薄膜应力，但影响范围仅限于结构局部区域的一次薄膜应力。当结构局部发生塑性流动时，应力将重新分布。若不加以限制，则当载荷从结构的某一部分（高应力区）传递到另一部分（低应力区）时，会产生过量塑性变形而导致破坏。总体结构不连续引起的局部薄膜应力，虽具有二次应力的性质，但从方便与稳妥考虑仍归入一次局部薄膜应力。局部应力区是指经线方向延伸距离不大于 $1.0\sqrt{R\delta}$（R 为壳体中面法线方向从壳体回转轴到壳体中面的距离；δ 为该区域内的最小壁厚）且应力强度超过 $1.1S_m$ 的区域。局部薄膜应力强度超过 $1.1S_m$ 的两个相邻应力区之间应彼此隔开，他们之间沿经线方向的间距不得小于 $2.5\sqrt{R_m\delta_m}$ ［其中，$R_m = \dfrac{1}{2}(R_1 + R_2)$，$\delta_m = \dfrac{1}{2}(\delta_1 + \delta_2)$。而 R_1 与 R_2 分别为所考虑两个区域的壳体中面半径；δ_1 与 δ_2 为所考虑区域的最小厚度。比如在壳体的固定支座或接管处由外部载荷和力矩引起的薄膜应力。

（3）一次弯曲应力 P_b。平衡压力或其他机械载荷所需的沿截面厚度线性分别得弯曲应力。如平盖中心部位由压力引起的弯曲应力。

5.2.5.4 二次应力

为满足外部约束条件或结构自身变形连续要求所需的法向应力或剪应力。二次应力的基本特征是具有自限性，即局部屈服和小变形量就可以使约束条件或变形连续要求得到满足，从而变形不再继续增大。只要不反复加载，二次应力不会导致结构破坏。如总体热应力和总体结构不连续处的弯曲应力。

由于温差而形成的温差应力也属于二次应力。热应力分为总体热应力和局部热应力。总体热应力是当解除约束后，会引起结构显著变形的热应力。当应力在不计应力集中的情况下已经超过材料屈服限的两倍时，将会引起塑性疲劳或塑性变形。例如由壳体与接管间的温度差引起的应力。局部热应力是解除约束后，不会引起结构显著变形的热应力。例如容器局部过热、复合板中基体与复层金属膨胀系数不同引起的热应力。

5.2.5.5 峰值应力

由局部结构不连续或局部热应力影响而引起的附加于一次加二次应力的应力增量。峰值应力的特征是同时具有自限性与局部性，它不会引起明显的变形。其危害性在于可能导致疲劳裂纹或脆性断裂。非高度局部性的应力，如果不引起显著变形者也属于峰值应力。例如壳体接管连接处由于局部结构不连续所引起的应力增量中沿厚度非线性分布的应力和复合钢板容器中复层的热应力等。各种应力的类型及其起因见表5-4。

表5-4　应力分类及其起因

容器部件	位　置	应力的起因	应力的类型	所属种类
圆筒形或球形壳体	远离不连续处的筒体	内压	总体薄膜应力	P_m
			沿壁厚的应力梯度	Q
		轴向温度梯度	薄膜应力	Q
			弯曲应力	Q
	与封头或法兰的连接处	内压	薄膜应力	P_L
			弯曲应力	Q
任何筒体或封头	沿整个容器的任何截面	外部载荷或力矩，或内压	沿整个截面平均的总体薄膜应力，应力分量垂直于横截面	P_m
		外部载荷或力矩	沿整个截面的弯曲应力，应力分量垂直于横截面	P_m
	在接管或其他开孔的附近	外部载荷或力矩，或内压	局部薄膜应力	P_L
			弯曲应力	Q
			峰值应力（填角或直角）	F
	任何位置	壳体与封头间温差	薄膜应力	Q
			弯曲应力	Q

容器部件	位　置	应力的起因	应力的类型	所属种类
碟形封头或锥形封头	顶部	内压	薄膜应力 弯曲应力	P_m P_b
	过渡区或和筒体连接处	内压	薄膜应力 弯曲应力	P_L① Q
平盖	中心处	内压	薄膜应力 弯曲应力	P_m P_b
	和筒体连接处	内压	薄膜应力 弯曲应力	P_L Q②
多孔的封头或筒体	均匀布置的典型管孔带	压力	薄膜应力（沿横截面平均） 弯曲应力（沿管孔带的宽度平均，但沿壁厚有应力梯度） 峰值应力	P_m P_b F
	分离的或非典型的孔带	压力	薄膜应力 弯曲应力 峰值应力	Q F F
接管	垂直于接管中线的横截面	内压或外部载荷或力矩	总体薄膜应力（沿整个界面平均），应力分量和截面垂直	P_m
		外部载荷或力矩	沿接管截面的弯曲应力	P_m
	接管壁	内压	总体薄膜应力 局部薄膜应力 弯曲应力 峰值应力	P_m P_L Q F
		膨胀差	薄膜应力 弯曲应力 峰值应力	Q Q F

容器部件	位　置	应力的起因	应力的类型	所属种类
复层	任意	膨胀差	薄膜应力 弯曲应力	F F
任意	任意	径向温度分布③	当量线性应力 应力分布的非线性部分	Q F
任意	任意	任意	应力集中（缺口效应）	F

注：①必须考虑直径-厚度比大的容器中发生皱折或过度变形的可能性；

②若周边弯矩是为保持平盖中心处弯曲力在允许限度内所需要的，在连接处的弯曲力可化为 P_b 类，否则化为 Q 类；

③应考虑热应力棘轮的可能性。

5.2.6　应力计算

根据 GB 150—2011《压力容器》、JB 4732—1995《钢制压力容器——分析设计标准》以及 API 579《适用性评价》推荐的计算方法。考虑各种载荷，分别计算被评定缺陷部位结构沿厚度截面上一次应力和二次应力分布，然后将非线性分布的应力进行缺陷区域的应力线性化处理。

对于沿厚度非线性分布的应力，应根据保证在整个缺陷长（或深）度范围内各处的线性化应力值均不低于实际应力值的原则确定沿缺陷部位截面的线性分布应力。可参照 GB/T 19624—2004《在用含缺陷压力容器安全评定》中 5.4.2 节中的规定进行处理。

表面缺陷所在区域的应力线性化如图 5-5 所示。埋藏缺陷所在区域的应力线性化如图 5-6 所示。

5.2.7　缺陷表征

对裂纹类缺陷进行安全评定时，一般应对实测的平面缺陷进行规则化表征处理，将缺陷表征为规则的裂纹状表面缺陷、埋藏缺陷或穿透性缺陷。表征后的裂纹形状为椭圆形、圆形、半圆形或矩形。表征的裂纹尺寸应根据具体缺陷的情况由缺陷外接矩形的高和长来

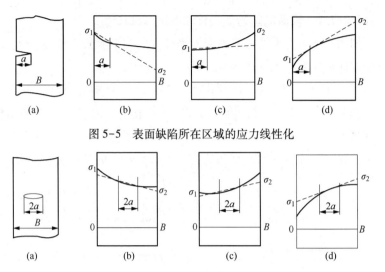

图 5-5　表面缺陷所在区域的应力线性化

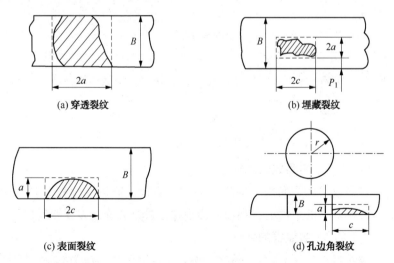

图 5-6　埋藏缺陷所在区域的应力线性化

确定。对穿透裂纹，长为 $2a$；对表面裂纹，高为 a、长为 $2c$；对埋藏裂纹，高为 $2a$、长为 $2c$；对孔边角裂纹，高为 a、长为 c。缺陷外接矩形的长边应与邻近的壳体表面平行（图 5-7）。

![穿透裂纹、埋藏裂纹、表面裂纹、孔边角裂纹示意图]

(a) 穿透裂纹　　　　　　　　　　(b) 埋藏裂纹

(c) 表面裂纹　　　　　　　　　　(d) 孔边角裂纹

图 5-7　不同裂纹缺陷外接矩形的长边与邻近的壳体表面平行示意图

5.2.7.1 表面缺陷的规则化和表征裂纹尺寸

如图 5-8，若裂纹缺陷沿壳体表面方向的实测最大长度为 l，沿板厚方向的实测最大深度为 h，则：

（1）当 $h>0.7B$ 时，规则化为长 $2a=1+2h$ 的穿透裂纹。

（2）当 $h\leqslant0.7B$ 时，若 $h<1/2$，规则化为 $c=L/2$，$a=h$ 的半椭圆表面裂纹；若 $h>1/2$，对于断裂评定，规则化为 $c=a=h$ 的半圆形表面裂纹，对疲劳评定，规则化为 $c=1/2$、$a=h$ 的半椭圆表面裂纹。

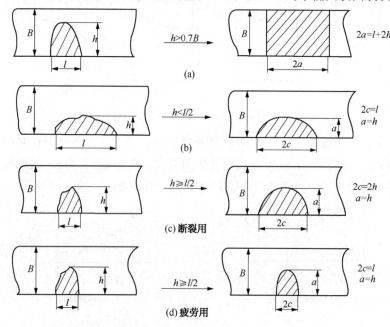

图 5-8　表面裂纹缺陷规则化和表征尺寸示意

5.2.7.2 斜裂纹的表征

当裂纹平面方向与主应力方向不垂直时，可将裂纹投影到与主应力方向垂直的平面内，在该平面内按投影尺寸确定表征裂纹尺寸。

5.2.7.3 裂纹群的处理

裂纹群可参照 GB/T 19624—2004《在用含缺陷压力容器安全评定》中第 5.3.1.7 节的要求进行处理。

5.2.8 材料性能数据的确定

(1) 确定评定工况下材料的屈服点 R_{eL} 和抗拉强度 R_m 及 J 积分断裂韧度 J_{IC}。J_{IC} 值按实际情况测定，也可保守地取 $J_{0.05}$ 的值。

(2) 计算断裂比 K_r 所需的材料断裂韧度 K_C 可以由测得的 J 积分断裂韧度 J_{IC} 按下面的公式求得：

$$K_C = \sqrt{EJ_{IC}/(1 - \nu^2)}$$

式中 ν——泊松比。

(3) 如果不能直接得到 J_{IC} 值时，可直接测量材料的平面应变断裂韧度 K_{IC}，此时计算 K_r 所需的 K_C 值可用 K_{IC} 值代替；也可采用 CTOD 断裂韧度 δ_C 值，按下面的公式估算 K_C 的下限值：

$$K_C = \sqrt{1.5\,\sigma_S\,\delta_C E/(1 - \nu^2)}$$

5.2.9 K_I^P 和 K_I^S 的计算

一次应力 P_m、P_b 作用下的应力强度因子 K_I^P 和二次应力 Q_m、Q_b 作用下的应力强度因子 K_I^S 按 GB/T 19624—2004《在用含缺陷压力容器安全评定》附录 D 的规定计算。

5.2.10 K_r 的计算

断裂比 K_r 值按下式计算：

$$K_r = G(K_I^P + K_I^S)/K_P + \rho$$

其中
$$\rho = \begin{cases} \psi_1 & \text{当} L_r < 0.8 \text{时} \\ \psi_1(11 - 10L_r)/3 & \text{当} 0.8 < L_r < 1.1 \text{时} \\ 0 & \text{当} L_r > 1.1 \text{时} \end{cases}$$

式中 G——相邻两裂纹间弹塑性干涉效应系数，按 GB/T 19624—2004《在用含缺陷压力容器安全评定》附录 A 的规定确定；

K_P——评定用材料的断裂韧度；

ρ——塑性修正因子；

ψ_1——系数，可以由图5-9根据 $K_I^S/(\sigma_S\sqrt{\pi a})$ 的值查得；

L_r——按 GB/T 19624—2004 附录 C 的规定计算求得。

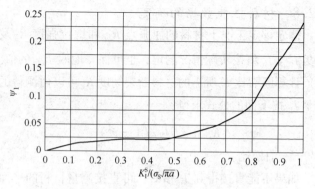

图 5-9　ψ_1 随 $K_I^S / (\sigma_S\sqrt{\pi a})$ 的变化曲线

5.2.11　安全评价

计算得到的 K_r 值和 L_r 值所构成的评定点（L_r，K_r）绘在常规评定通用失效评定图 5-10 中。如果该评定点位于安全区之内，则认为该缺陷经评定是安全的或可以接受的。否则，认为不能保证安全或不可接受。如果 $L_r < L_{r,max}$ 而评定点位于失效评定曲线上方，则允许采用 GB/T 19624—2004《在用含缺陷压力容器安全评定》中附录 F 的分析评定方法重新评定。

$L_{r,max}$ 的值取决于材料特性，对奥氏体不锈钢，$L_{r,max} = 1.8$，对无屈服平台的低碳钢及奥氏体不锈钢焊缝，$L_{r,max} = 1.25$，对无屈服平台的低合金钢及其焊缝，$L_{r,max} = 1.15$，对于具有长屈服平台的材料，一般情况下，$L_{r,max} = 1.0$。

5.3　凹坑评定

根据 TSG R7001—2013《压力容器定期检验规则》中的规定，当容器表面存在表面裂纹时，裂纹必须消除。通常采用的方法为打磨消除和打磨后补焊处理。但是，在容器表面往往会存在机械接触损伤、工卡具焊迹、电弧灼伤和局部腐蚀坑等缺陷，在缺陷消除后，容器表面往往会留下凹坑，凹坑若在允许的范围内（凹坑深度如果

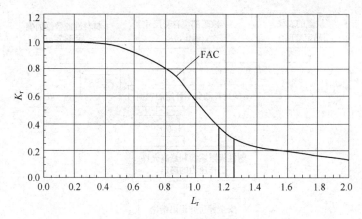

图 5-10　失效评定图

小于壁厚余量，壁厚余量=实测壁厚-名义厚度+腐蚀余量），则允许存在。否则，进行安全评定和补焊处理。适用范围：$B_0/R<0.18$ 的筒壳或 $B_0/R<0.10$ 的球壳（B_0 为缺陷附近实测壳体壁厚，R 为容器平均半径）；材料韧性满足压力容器设计规定，未发现劣化；凹坑深度 Z 小于计算厚度 B 的 60%，且坑底最小厚度（$B-Z$）不小于 2mm；凹坑长度 $2X<2.8\sqrt{RB}$；凹坑宽度 $2Y$ 不小于凹坑深度 Z 的 6 倍（允许打磨至满足本要求）。

5.3.1　评定程序

凹坑缺陷的安全评定步骤：缺陷的表征→缺陷部位容器尺寸的确定→材料性能数据的确定→无量纲参数 G_0 的计算和免于评定的判别→塑性极限载荷和最高允许工作压力的确定→安全性评价。凹坑缺陷的评定程序如图 5-11 所示。

5.3.2　凹坑的表征

在应用本方法评定之前，应将被评定缺陷打磨成表面光滑、过渡平缓的凹坑，并确认凹坑及其周围无其他表面缺陷或埋藏缺陷。

5.3.2.1　单个凹坑缺陷的表征

表面的不规则凹坑缺陷按其外接矩形将其规则化为长轴长度、

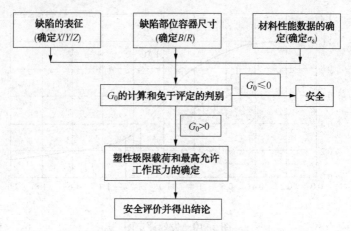

图 5-11 凹坑缺陷的评定程序

短轴长度及深度分别为 $2X$、$2Y$ 及 Z 的半椭球形凹坑。其中，长轴 $2X$ 为凹坑边缘任意两点之间的最大垂直距离，短轴 $2Y$ 为平行于长轴且与凹坑外边缘相切的两条直线间的距离，深度 Z 取凹坑的最大深度（图 5-12）。

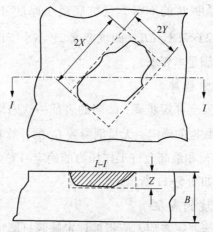

图 5-12　单个凹坑缺陷的表征示图

5.3.2.2　多个凹坑缺陷的表征

当存在两个以上的凹坑时，应分别按单个凹坑进行规则化并确定各自的凹坑长轴。若规则化后相邻两凹坑边缘间最小距离 k 大于较小凹坑的长轴 $2X_2$，则可将两个凹坑视为互相独立的单个凹坑分别进行评定。否则，应将两个凹坑合并为一个半椭球形凹坑来进行评定，该凹坑的长轴长度为两凹坑外侧边缘之间的最大距离，短轴长度为平行于长轴且与两凹坑外缘相切的任意两条直线之间的最大距离，该凹坑的深度为两个凹坑的深度的较大值（图 5-13）。

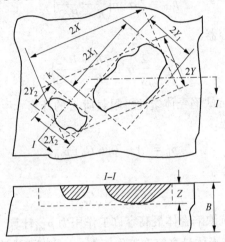

图 5-13 多个凹坑缺陷的表征示图

5.3.3 材料性能数据的确定

确定在评定工况下材料的下屈服点 R_{eL}。评定中所需的材料流动应力 $\overline{\sigma}'$ 按下述规定选取：非焊缝区凹坑取 $\overline{\sigma}' = \sigma_s$，焊缝区凹坑取 $\overline{\sigma}' = \Phi\sigma_s$。其中焊接接头系数 ϕ 按容器的实际设计要求选取。当无法得到容器的设计要求时，也可 GB 150—2011《压力容器》或其他相关标准确定。

5.3.4 G_0 的计算和免于评定的判别

容器表面凹坑缺陷的无量纲参数 G_0 按下式计算：

$$G_0 = \frac{Z}{B}\frac{X}{\sqrt{RB}}$$

若 $G_0 \leqslant 0.1$，则该凹坑缺陷可免于评定，认为是安全的或可以接受的；否则应按本章5.3.5节和5.3.6节的规定进行评定。

5.3.5 塑性极限载荷和最高容许工作压力的确定

（1）无凹坑缺陷壳体塑性极限载荷 p_{L0} 的计算

对球形容器：

$$p_{L0} = 2\,\bar{\sigma}'\ln\left(\frac{R + B/2}{R - B/2}\right)$$

对圆筒形容器：

$$p_{L0} = \frac{2}{\sqrt{3}}\,\bar{\sigma}'\ln\left(\frac{R + B/2}{R - B/2}\right)$$

（2）带凹坑缺陷壳体塑性极限载荷 p_L 的计算

对球形容器：

$$p_L = (1 - 0.6\,G_0)\,p_{L0}$$

对圆筒形容器：

$$p_L = (1 - 0.3\sqrt{G_0})\,p_{L0}$$

（3）带凹坑缺陷壳体最高容许工作压力 p_{max} 计算

带凹坑缺陷壳体最高容许工作压力 p_{max} 按下式计算：

$$p_{max} = \frac{p_L}{1.8}$$

5.3.6 安全评定

若 $p \leqslant p_{max}$，且实测凹坑尺寸满足本节适用范围的要求，则认为该凹坑缺陷是安全的或可以接受的。否则，是不能保证安全或不可接受的。

5.4 气孔和夹渣的安全评定

5.4.1 适用条件

该评定方法适用于下列条件的压力容器。

（1）$B_0/R < 0.18$ 的压力容器。

（2）材料性能满足压力容器设计制造规定，且对铁素体钢 $R_{eL}<$ 450MPa，并且在最低使用温度下 V 形夏比冲击试验中 3 个试样的平均冲击功不小于 40J、最小冲击功不小于 28J；对其他材料，该气孔、夹渣所在处的 K_{IC} 大于 1250（N／mm）$^{3/2}$。

（3）未发现材料劣化。

（4）气孔、夹渣未暴露于器壁表面。

（5）气孔、夹渣无明显扩展情况或可能。

（6）缺陷附近无其他平面缺陷。

5.4.2 条件说明

对于暴露于器壁表面的气孔、夹渣，可打磨消除。打磨成凹坑时，应按凹坑规定进行安全评定。对于超出本章 5.5.1 节中其他限定条件或在服役期间有可能生成裂纹的气孔、夹渣，应按平面缺陷进行评定。

5.4.3 气孔免于评定的条件

若同时满足本章 5.5.1 节和下列条件，则该气孔是允许的，否则是不可接受的。

（1）气孔率不超过 6%。

（2）单个气孔的长径小于 $0.5B$，并且小于 9mm。

在焊接接头和坡口部位，评定框尺寸 35mm×100mm；在其他部位，评定框尺寸为 2500mm^2，且其中一条矩形边的最大长度为 150mm。

5.4.4 夹渣免于评定的条件

如果夹渣的尺寸满足本章 5.4.1 节和表 5-5 的规定，则该夹渣是允许存在的；否则，不允许存在。

5.4.5 其他评定

按本章 5.4.3 节或 5.4.4 节的规定评定为不可接受的气孔或夹渣，可表征为平面缺陷并按平面缺陷规定重新进行安全评定，作出相应的安全性评价。

表 5-5　夹渣缺陷的允许尺寸

夹渣位置	夹渣缺陷尺寸的允许值	
球壳对接焊缝、圆筒体纵焊缝、与封头连接的环焊缝	总长度 $L \leqslant 6B$	自身高度或宽度 $x \leqslant 0.25B$，并且 $x \leqslant 5mm$
	总长度 L 不限	自身高度或宽度 $x \leqslant 3mm$
圆筒体环焊缝	总长度 $L \leqslant 6B$	自身高度或宽度 $x \leqslant 0.3B$，并且 $x \leqslant 6mm$
	总长度 L 不限	自身高度或宽度 $x \leqslant 3mm$

5.5　蠕变评定

5.5.1　所需数据

为了对部件进行寿命评估，必须收集部件的设计、制造、安装、运行、历次检修及对关键部位的检验与测试记录、事故工况、更新改造等资料，尽可能全面、详细。

（1）设备部件的设计、运行、检修资料包括：①设计依据、部件材料及其力学性能、制造工艺、结构几何尺寸、强度计算书、管道系统设计资料等；② 部件出厂质量保证书、检验证书或记录等；③ 安装资料，重要安装焊缝的无损检查资料，主要缺陷的处理记录；④累计运行小时数；⑤ 典型的负荷记录；⑥ 热态、温态、冷态启、停次数及启、停参数；⑦ 运行压力、温度典型记录，是否有过长时间的超设计参数（温度、压力等）运行。

（2）现状检查包括对部件的现状进行检查、材料性能及微观组织特征和部件受力状态分析。

（3）可采用解析法、有限元素法、经验公式计算以及残余应力确定等方法确定部件危险部位的应力。解析法即有通过理论计算公式计算和分析诸如管道、压力容器筒体焊缝处的内压应力。有限元素法就是对于任何部件的任一部位，依据受力模型和边界条件，均可用有限元素法计算该部位的应力。对于有的部件某些部位的应力，没有可以用于计算的理论公式，此时可参照有关经验公式计算确定该部位的应力。当在部件的缺陷评定中需确定评定部位的残余应力时，可依据有关试验研究资料的经验进行估算，也可用盲孔法进行试验应力测量。

5.5.2 等温外推法

材料的恒温蠕变持久试验温度按部件的工作温度选取。在恒定的温度下，不同试样的加载应力与断裂时间的关系可用下式描述：

$$\sigma = k(t_r)^m$$

式中 σ——试样的加载应力，MPa；

t_r——断裂时间，h；

k、m——由试验确定的材料常数。

当确定了部件的最大应力之后，即可按 DL/T 940—2005《火力发电厂蒸汽管道寿命评估技术导则》用等温线外推法估算蒸汽管道及高温联箱的寿命。蒸汽管道及高温联箱常用材料及不同状态下的 k、m 见 DL/T 940—2005 附录 A。

5.5.3 L-M 法

L-M 参数是时间和温度二者相结合的参数，以 P 表示，关系式如下：

$$P(\sigma) = T(C + \lg t_r)$$

式中 T——试验温度，K；

C——材料常数；

t_r——断裂时间，h。

（1）确定材料的 $L-M$ 参数

选取部件工作温度及其附近的 3 个温度作为试验温度（通常相差 20~50℃，比如工作温度为 600℃，则分别选取 550℃、600℃和 650℃作为试验温度），在每一温度下至少进行 5 个应力水平的拉伸持久试验。按上面公式对试验数据进行多元线性回归求解出 C 值。

$$\lg t_r = C + (C_1 \lg \sigma + C_2 \lg^2 \sigma + C_3 \lg^3 \sigma + C_4 \lg^4 \sigma + C_0)/T$$

式中 C_0、C_1、C_2、C_3、C_4——拟合系数。

依据拟合出的公式，绘制材料的 $P(\sigma)$-σ 单对数坐标曲线。

（2）确定材料的寿命

依据确定的部件工作条件下的最大应力部位和最大应力 σ_{max}；由 $P(\sigma)$-σ 曲线查得最大应力对应的 L-M 参数 $P(\sigma)$；然后将获得的 $P(\sigma)$ 参数代入前面的 $P(\sigma)$ 公式，依据部件的工作温度和最大应力求解部件蠕变断裂寿命。

5.5.4 θ 法

（1）按 GB/T 2039—2012《金属材料 单轴拉伸蠕变试验方法》，用一组样品在不同温度、不同应力水平下进行蠕变断裂试验（执行），获得各样品在某一温度、应力下的蠕变断裂曲线。

（2）利用下式拟合每一样品在其温度、应力下的蠕变断裂曲线，求解每一样品蠕变方程中的 i（i=1、2、3）。

$$\varepsilon = \theta_1 t + \theta_2 (e^{\theta_3 t} - 1) \tag{5-1}$$

式中 θ_1、θ_3——蠕变第二阶段和第三阶段的速率参数；

　　　θ_2——蠕变第三阶段的变形参数；

　　　t——蠕变时间。

（3）利用式（5-1）中求解的 θ_i、试验温度 T 和应力 σ，求解下式中的系数 a_i、b_i、c_i 和 d_i，建立 θ_i 与温度 T、应力 σ 的关系。

$$\lg \theta_i = a_i + b_i \sigma + c_i T + d_i \sigma T \tag{5-2}$$

式中 a_i、b_i、c_i 和 d_i——与应力、温度有关的系数。

（4）根据求解的 a_i、b_i、c_i 和 d_i 利用式（5-2）确定服役温度和服役应力下的 θ_i，再将 θ_i 代入式（5-1）中确定设备在其服役条件（温度、压力）下的材料蠕变变形曲线。

5.5.5 材料微观组织老化及蠕变孔洞的评定

根据材料的力学性能和设备的运行参数，利用适当的评估方法对设备寿命作出定量计算后，还需结合材料的微观组织老化程度、碳化物成分和结构及蠕变孔洞的评定，对设备的蠕变寿命作出综合评估。材料微观组织的老化程度、碳化物成分和结构及蠕变孔洞的评定按下列原则执行：

（1）对于碳钢和钼钢，主要检测其珠光体球化、石墨化和晶界孔洞。

（2）对于低合金耐热钢，主要检测其珠光体球化和晶界孔洞。

（3）对于（9~12）Cr-1Mo 钢，主要检测马氏体板条的分解程度、亚晶尺寸、晶界碳化物和 Laves 相的数量、分布和形态。

5.5.5.1　试样制备

微观金相组织检验按 DL/T 652—1998《金相复型技术工艺导则》或 GB/T 13298—1991《金属显微组织检验方法》执行。用砂轮机磨出供金相检验用的小平整面，打磨深度以去除氧化脱碳层为原则。用磨光机或其他工具打磨出约 20mm×30mm 的光面区，有的部位因位置限制或尺寸限制可适当减小。可采用金相精磨机或手工磨制，亦可采用取得同样效果的其他类似方法进行。精磨程度：砂纸粒度由粗到细，每道砂纸的打磨方向换 30°~90°，以前道砂纸磨痕全部消失为准。浸蚀液为 4% 的硝酸酒精溶液，浸蚀时间约 10s。

5.5.5.2　蠕变孔洞识别

晶界是优先生成蠕变孔洞的部位，晶界上析出的碳化物和其他杂质都能促进蠕变孔洞的形成。蠕变孔洞多发生在与最大主应力轴垂直或成一定角度的晶界上，其外形轮廓圆滑，多呈圆形或椭圆形且黑度大，一般内部无任何细节显示。

需要指出，夹杂物、碳化物脱落孔洞及抛光形成的孔洞与最大主应力方向无关且呈无规律分布。所以，应注意从形态和分布上来区别蠕变孔洞与夹杂物、碳化物和石墨等脱落所形成的孔洞及抛光所形成的孔洞。

5.5.5.3　蠕变孔洞的测定

蠕变孔洞可采用金相显微镜测定，对所选择的测定区进行平移扫描测量。测定时采用的金相显微镜放大倍数为 400 倍。

（1）蠕变孔洞直径的测定与计算

孔洞平均直径 d_{cp}（μm）为多个孔洞直径的平均值，所测孔洞数应不少于 50 个。对椭圆形孔洞以长短轴的平均值作为孔洞直径的近似值。

（2）孔洞面积率 f

孔洞面积率 f 应测量 60 次，然后取平均值。f 采用网格计点法时按下式计算：

$$f = \frac{P_i}{P_r} \times 100\%$$

式中 P_i——网格交点落在孔洞上的点数；

P_r——测量网格交点总数。

f 采用面积法测量时，测量仪器用图相仪，测量次数应大于 10 次，取平均值。此时 f 按下式计算：

$$f = \frac{S_c}{S_r} \times 100\%$$

式中 S_c——孔洞在该视域中所占的面积；

S_r——该视域的总面积。

（3）孔洞密度 ρ_{cp}（个/mm^2）

视域面积内的孔洞密度测 6 次，取平均值。计算公式如下：

$$\rho_{cp} = \frac{n}{S_r}$$

式中 n——视域面积内孔洞数。

5.5.5.4 损伤评级

构件材料的损伤评级包括蠕变损伤评级、珠光体钢的组织老化评定、非珠光体钢的组织老化评定以及脆化分析。

（1）蠕变损伤评级

低合金钢构件材料的蠕变损伤评级按表 5-6 进行。

表 5-6 低合金钢蠕变损伤评级

级 别	微观组织形貌
1 级	新材料，正常金相组织
2 级	珠光体或贝氏体已经分散，晶界有碳化物析出，碳化物球化达到 2~3 级
3 级	珠光体或贝氏体基本分散完毕，略见其痕迹，碳化物球化达到 4 级
4 级	珠光体或贝氏体完全分散，碳化物球化达到 5 级。碳化物颗粒明显长大，且在晶界呈具有方向性的链状析出
5 级	晶界上出现一个或多个晶粒长度的微裂纹

（2）珠光体钢的组织老化评定

珠光体钢的组织老化评定参照表5-7进行。

表5-7　珠光体钢的球化组织特征

球化程度	球化级别	组织特征
未球化（原始态）	1级	聚集形态的珠光体（贝氏体），珠光体（贝氏体）中的碳化物并非全部为片层状，有灰色块状区域存在
轻度球化	2级	聚集形态的珠光体（贝氏体）区域已开始分散，其组成仍然较为致密，珠光体（贝氏体）保持原有的区域形态
中度球化	3级	珠光体（贝氏体）区域内的碳化物已显著分散，碳化物已全部成小球状，但仍保持原有的区域形态
完全球化	4级	大部分碳化物已分布在铁素体晶界上，仅有极少量的珠光体（贝氏体）区域的痕迹
严重球化	5级	珠光体（贝氏体）区域形态已完全消失，碳化物粒子在铁素体晶界上分布，出现双晶界现象

（3）非珠光体钢的组织老化评定

对非珠光体钢材料，晶内和晶界碳化物分布形态在长期高温服役后逐渐发生着变化，可采用综合考虑晶粒和晶界区域不同变化状况的方法进行老化评级。其变化也分为5级（图5-14）。其详细叙述见表5-8。

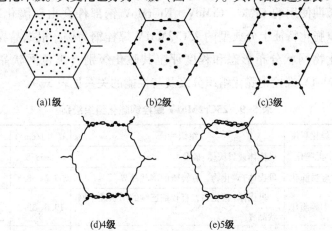

(a)1级　　(b)2级　　(c)3级

(d)4级　　(e)5级

图5-14　非珠光体钢综合考虑晶内和晶界变化的老化评级示意图

表 5-8　非珠光体钢老化组织特征

老化程度	老化级别	组织特征
未老化（原始态）	1级	晶内析出大量细小弥散碳化物粒子，运行初期逐渐增多，晶界则较干净，珠光体形态或贝氏体（马氏体）位向完整清晰
轻度老化	2级	晶内碳化物粒子数量减少，且开始逐渐长大，晶界出现单个细小碳化物，珠光体形态或贝氏体（马氏体）位向开始分散
中度老化	3级	晶内碳化物粒子数量进一步减少，尺寸粗化，晶界碳化物粒子增多，沿与应力垂直方向有方向性分布倾向，尺寸长大、珠光体形态或贝氏体（马氏体）位向明显分散
完全老化	4级	晶内碳化物粒子数量减少，尺寸粗化，晶界碳化物沿与应力垂直方向呈链状分布，珠光体形态或贝氏体（马氏体）位向已严重分散；出现大于 $0.5\mu m$ 的孔洞
严重老化	5级	珠光体形态消失或贝氏体（马氏体）位向严重分散，晶界变粗出现双晶界现象，晶粒破碎出现再结晶现象；出现链状孔洞

（4）脆化分析

长期使用的 CrMo、CrMoV、NiCrMoV 钢部件会出现脆化现象。此处以脆化特征十分典型的 25Cr2Mo1V 螺栓钢为例，根据晶界形成的碳化物网状分布形态和程度评定其脆化级别（黑色网状晶界）。25Cr2Mo1V 螺栓钢脆化组织分级及与性能的关系见表 5-9。

表 5-9　25Cr2Mo1V 螺栓钢脆化组织级别

级别	脆化程度	组织特征	$AK/(J/cm^2)$	HB
1级	无脆化	贝氏体或贝氏体+碳化物	$\geqslant 58.8$	$\leqslant 277$
2级	轻微脆化	贝氏体+碳化物，有轻微的网状晶界	$39.2 \sim 58.8$	$\geqslant 280$
3级	中等脆化	贝氏体+碳化物，有较细连续的网状或半网状晶界	$19.6 \sim 39.2$	$\geqslant 320$
4级	严重脆化	贝氏体+碳化物，有较粗且连续的网状晶界	$4.9 \sim 19.6$	$\geqslant 360$

5.6 分层评价

对带有氢气气泡和分层（不包含 HIC 和 SOHIC 损伤）的受压力作用的构件应进行合于使用（FFS）评价。

氢气气泡来源于氢在钢中有缺陷部位处的集聚，例如分层处或有杂质处。气泡一般发生在低温潮湿的 H_2S 或盐酸氛围中，这种氛围使原子氢进入金属内部，在有缺陷的部位原子氢结合成为分子氢，无法从材料中渗透出去。氢的不断集聚导致集聚部位形成高的压力，引起局部区域的应力超过材料的屈服极限。材料的屈服和局部压力的共同作用而引起的塑性变形导致气泡的产生。有时裂纹可能从气泡的边缘开始延伸并向穿穿透透壁厚厚方向扩展，特别是当气泡处在焊缝附近的时候更是如此。

分层是钢板中未熔合的面，它来源于钢的生产过程，通常在超声波检查时发现。制造构件的钢板中存在分层时，如果其工作环境中没有氢气、也不靠近焊缝、与板材表面平行并且不处于结构上的不连续部位附近则分层不是有害的。

5.6.1 气泡评估需要的数据及其测量

气泡评价需要的数据见表 5-10。

表 5-10 气泡评价需要的数据

气泡编号	直径 s/mm	尺寸 c/mm	相邻的气泡边缘与边缘之间的间距 L_b/mm	凸起方向（向内/向外）	气泡投影 B_p/mm	剩余厚度 t_{min}/mm	周边开裂（是/否）	局部开裂或排气	局部裂纹长度 s_c/mm	到最近的焊缝的间距 L_w/mm	到最近的主要结构不连续处的间距 L_{msd}/mm

注意：1. 气泡与气泡之间的间距可能会影响准备用于评价的气泡的大小（图 5-15、图 5-16）；

2. 如果气泡有局部裂纹，记入裂纹长度，参看图 5-17 的尺寸 s_c，如果气泡有排气孔，应同时指出孔的直径（图 5-18）。

— 133 —

（1）气泡直径

气泡的最大尺寸 s 或 c 应取作直径（图5-15）；气泡在轴向和周向的尺寸应当记录。

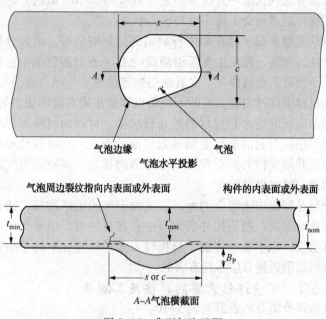

气泡水平投影

A–A气泡横截面

图5-15　典型气泡示图

（2）气泡与气泡之间的间距

应当测量气泡与气泡之间的间距（包括全部相邻的气泡）（图5-16）。这方面的信息应当细化并以检查表格的形式纪录。如果有大量的气泡相互紧密相邻，在确定用于评价的气泡的大小时，应当采用于局部金属损耗的准则来考虑相邻气泡的影响。此外，如果相邻的气泡之间的距离（从边缘到边缘）小于或等于板厚名义尺寸的2倍，则应将这些气泡作为一个单一的气泡结合起来评价。

（3）数据记录

气泡凸起的方向是指受压力作用的构件中气泡凸起的方向是向里或是向外。气泡投影 B_p 指气泡投影高出壳体表面的值（图5-15）。

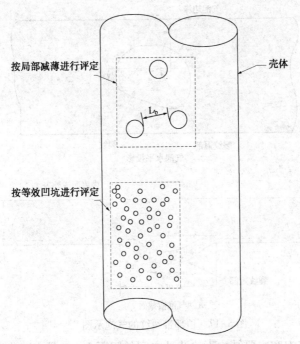

图 5-16　气泡的大小、位置、状况和间距示图

对于内部气泡，最小测量壁厚 t_{mm} 指从外表面到气泡之间的距离，对于外部气泡，它指从内表面到气泡之间的距离（图 5-16）。应当对周边开裂的气泡进行检查，以便确定是否有裂纹沿着气泡所处的平面延伸或者沿着穿透壁厚的方向延伸，这类开裂大多出现于气泡的周围而且可能导致穿透壁厚方向的开裂。

气泡冠部的裂纹（图 5-17）影响强度计算，因此，如果气泡冠部有裂纹存在，裂纹尺寸应当记录。另一种情况是气泡可能事先已经开了排气孔 s_c（图 5-18）以便释放其中的内压，从而减小裂纹未来长大的可能性，如果是这样，则排气孔的直径应当用作 s_c。

L_w 是气泡到焊缝之间的间距，如果气泡靠近焊缝，可能发生穿透壁厚的开裂-应当进行测量以便确定气泡与焊缝之间的间距（图 5-19）。因此，这个数据信息很重要，应予以细化并详细记录于表 5-9 中。

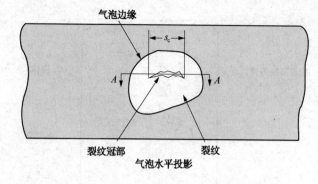

气泡水平投影

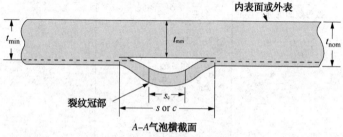

A–A气泡横截面

图 5-17 顶部带裂纹的气泡示图

测量气泡和主要结构不连续处之间的间距 L_{msd}，是为了确定气泡相对于诸如从圆筒到圆锥的过渡部位以及外加的出口之类的主要结构不连续的部位的位置，对其亦应细化并填写于检查记录表中。

5.6.2 检查技术和确定尺寸要求

（1）通常是在对设备的内表面和外表面进行观察时根据表面隆起而发现气泡，在工作状态中进行检查/监测时，可以通过超声波检查来发现气泡。

（2）超声波检查可以用来确定气泡的深度和气泡所在位置板的剩余厚度。超声波检查还应当用来确认是否有（HIC）和（SOHIC）类的开裂存在。

（3）应检查气泡周围边缘是否开裂，这类开裂通常和氢气气泡相伴而生。对气泡的冠部也应进行检查以便确定是否存在裂纹，如果有裂纹则确定它的大小。

— 136 —

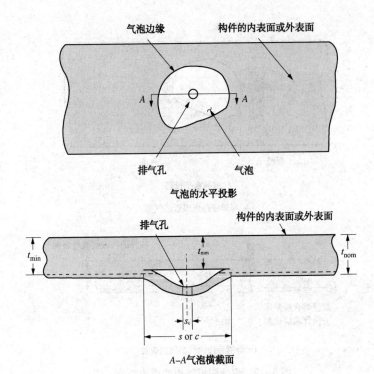

气泡的水平投影

A-A气泡横截面

图 5-18　带排气孔的气泡示图

5.6.3　评价

5.6.3.1　气泡的位置及其趋向

（1）距离焊缝较近的气泡可以用评价远离焊缝的气泡的方法进行评价，但必须有以下附加要求：① 如果气泡处于距离焊缝边缘 25.4mm 之内或者 2 倍板厚的距离之内（以两者之间的较大者为准），则认为气泡是位于焊缝边上（图 5-19），对受压力作用的设备进行检查的经验表明，由这些气泡发生的裂纹可能沿着焊接熔合线扩展，或者在热影响区中向着穿透壁厚的方向扩展（图 5-19），特别是对焊接件没有进行焊后热处理时更是如此，因此，在工作中应当监控焊缝附近的气泡；②如果停机检查时在焊接件上发现了和氢有关的穿透壁厚方向的裂纹，这种气泡是不能接受的；③如果在工

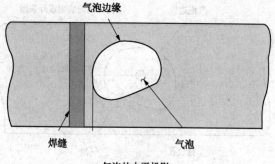

气泡的水平投影

(a)与焊缝距离很近的气泡

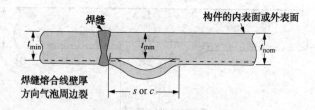

(b)焊缝旁边的气泡周边裂纹

图 5-19　焊缝附近气泡的周边裂纹示图

作过程中检查/监控时认定了裂纹是在沿着穿透壁厚的方向成长，这个设备还要留下来继续工作则应当考虑采取适当的措施。

（2）对向构件内部凸起的气泡进行评价的建议和附加的可接受性准则——建议向内表面给气泡开排气孔（图 5-19）以防止其进一步长大。出于涉及污染、清除污染以及在气泡的裂隙中锈蚀和结垢的可能性等方面的考虑，对在盐酸中工作的构件，并不推荐为其气泡向内开排气孔。如果气泡没有开裂，或者只有朝向内表面的周边裂纹（图 5-15），则这个气泡被认为是可以接受的。评价时将气泡看作等效的局部金属损失区，这个区域的长度等于气泡的直径加上边缘处任意一条裂纹的成长延伸量，同时，剩余厚度等于 t_{mm}（图 5-15）。

（3）对向构件外表面隆起的气泡进行评价的建议和附加的验收

准则——建议从外表面给气泡开排气孔以防止其进一步长大。如果设备处于运转状态，可能存在着通向内表面的泄漏通道，因而在线向外开排气孔会伴随一定的风险。因此，在开排气孔之前对一些气孔的成长情况应进行监控和观察。

如果气泡是排了气的，或者在排气之前设备一直在运转，则在遵循在线监控要求，并满足该节其他准则的情况下，认为气泡是可以接受的。

气泡并未严重地向外表面凸起。但当气泡的投影大于气泡直径的10%时，凸起被定义为严重凸起（图5-17）。如果存在着严重凸起，则可以按本章的评价方法，忽略凸起的部分板材，把气泡当作局部金属损失区进行评价。

如果气泡没有周边的和冠部的裂纹（图5-19），且气泡的间距准则得到满足，则无论其大小如何，气泡都被认为是可以接受的。如果气泡开裂，则可接受性是建立在下述的准则的基础之上的。

如果气泡有指向内表面的周边裂纹（图5-15），则认为该气泡是不能接受的。

如果气泡具有朝向外表面的周边裂纹并带有或不带有冠部裂纹，则可以用本章中的评价方法把气泡当作局部金属损失区来进行评价。用于该评价中的局部金属损失区的长度是气泡直径和周边处裂纹的成长延伸量之和，同时，剩余厚度应当是 t_{mm}（图5-15）。

如果气泡只有冠部上的裂纹，则它可以用本章中的评价方法按局部金属损失区来进行评价。

5.6.3.2　评价准则

如果5.6.3.1节中的准则得到满足，则无论其大小，在有氢侵入的气氛中工作的构件中的分层都是可以接受的。此外，如果分层的边缘到最近的焊缝之间的距离应不大于25.4mm或2倍名义板厚两者之中的较大者，以便保证不发生穿透壁厚方向的开裂。

6 压力容器目视检测工艺规程编制

在我国检验员个人的资质体系中，初级资质是检验员，中级资质是检验师。本丛书的《压力容器目视检测技术基础》分册中已经阐述了检验员应如何理解目视检测工艺规程，并按照检测工艺规程实施目视检测。对于中级检验人员——检验师，不仅应该能够对压力容器的缺陷合格与否进行评定，同时也应当具有编写目视检测工艺规程的能力。

目视检测工艺规程可分为两类：一类是通用的目视检测工艺规程，它适用于大部分压力容器的目视检测，也可以是某一机构的目视检测作业指导书；另一类是针对某一类特定容器制定的目视检测工艺规程，也可以称为专业目视检测工艺规程。这类专业目视检测工艺规程会详细考虑其所针对的容器结构特点及其失效特点，它也可以是某一类容器的检验方案。

6.1 目视检测工艺规程的编制依据

通用目视检测工艺规程和专业目视检测工艺规程的适用对象不同，用途和作用不同，因此编制的依据也有差别。

压力容器通用目视检测工艺规程的编制依据主要有 TSG R7001—2010《压力容器定期检验规则》、NB/T 47013.7—2011《承压设备无损检测 第 7 部分：目视检测》以及 GB 150—2011《压力容器》。

压力容器的目视检测是压力容器检验的内容之一，因此压力容器目视检测的首要依据就是 TSG R7001—2010；而 NB/T 47013.7—2011 则是专门针对压力目视检测规定的；GB 150—2011 是压力容器的通用设计制造标准。此外，还有一个参考标准即 ASME 第 V 卷无损检测，这一标准与 NB/T 47013.7—2011 的内容略有差异，其差异在《压力容器目视检测技术基础》一书中有所论述。ASME 第 V 卷中第 9 章的表 T-921 对检测工艺规程中的要素中的主要元素和非主要元素进行了界定，这对目视检测工艺规程的适用性评估非常有用。

专业目视检测工艺规程是针对某一类压力容器制定的，它主要反映压力容器的结构特点和失效模式。因此其制定依据除了通用目视检测工艺规程适用的各个法规和标准之外，还应该包括反映受检容器特点的相关标准和技术文件。例如，热交换器的目视检测工艺规程制定依据应包括 GB/T 151—2014《热交换器》。球罐的目视检测工艺规程编制依据应包括 GB 12337—1998《钢制球形储罐》。此外，API 571《炼油厂固定设备的损伤机理》介绍了各种压力容器的失效模式，对于制定专业目视检测工艺规程有极大的参考价值。

6.2 目视检测工艺规程的内容

在 NB/T 47013.7—2011《承压设备无损检测 第 7 部分：目视检测》第 4.3.1 节中规定了编制目视检测工艺规程的基本要求，内容如下：

（1）目视检测工艺规程的适用范围；

（2）目视检测工艺规程的引用标准、法规；

（3）目视检测人员的资格；

（4）目视检测器材；

（5）被检件、位置、可接近性和几何形状；

（6）目视检测的覆盖范围；

（7）被检表面结构情况；

（8）被检表面照明要求；

（9）目视检测的时机；

（10）目视检测技术；

（11）目视检测结果的评定；

（12）目视检测记录、报告和资料存档；

（13）目视检测工艺规程编制（级别）、审核（级别）和批准人员；

（14）目视检测工艺规程的编制日期。

以上14项是压力容器目视检测工艺规程的基本内容，一个合格的目视检测工艺规程必须包含以上内容。除此之外，还有一些内容也应该反映在目视检测工艺规程中，将其称为其他内容。例如受检容器元件的标记、检验中应当观察的缺陷以及检测工艺的验证方法等。另外 ASME 第 V 卷第 9 章表 T-921[5] 中的主要元素在规程中必须明确说明，如果在实施检测中发现实际情况与规程中的说明不符，则检测工艺规程应重新进行验证。表 6-1 为目视检测工艺规程中需要明确说明的目视检测的主要元素和非主要元素。

表 6-1　目视检测工艺规程中需要明确说明的
目视检测的主要元素和非主要元素

ASME 第 V 卷第 9 章　表 T-921 目视检验规程的要求		
要求（适用的话）	重要变素	非重要变素
采用技术的变化	×	
直接或间接观察	×	
直接遥控观察	×	
目视遥控辅助器材	×	
人员要求（当有要求时）	×	
光照强度（仅减小时）	×	
基本材料生产方式（管、板、锻件等）和被检验的形状		×
光照设备		×
表面制备用的方法或工具		×
直接目视技术所用的设备或仪器检验顺序		×
人员资格鉴定		×

6.3 通用目视检测工艺规程

6.3.1 目视检测工艺规程的必要内容

NB/T 47013.7—2011《承压设备无损检测 第 7 部分：目视检测》中规定的编制目视检测工艺规程的 14 项基本内容，是任何一个目视检测工艺规程必须具备的内容。为了更深刻的理解这 14 项基本内容，在此对其逐条对进行分析和解释。

6.3.1.1 适用范围

目视检测工艺规程中的适用范围应该包括规程的使用范围、检验的目的物、规程所针对的检测方法。例如使用范围可以是定期检验、监督检验、委托检验等；检验目的物可以是固定式压力容器、移动式压力容器、气瓶、换热容器、球型储罐、塔器等；检测方法可以是直接目视检测、间接目视检测、内窥镜检测、全站仪检测等。目视检测工艺规程的适用范围可以非常全面，包括以上提到的所有内容。但是这样的工艺规程篇幅过大，内容繁复，引用的标准、法规会列出很多。对这些标准、法规的应用也容易造成混淆，当然也不利于学习和培训。因此，如果有条件，应制定多个适用范围不太大的目视检测工艺规程，来覆盖机构中的所有相关目视检测工作范围。

6.3.1.2 引用标准、法规

目视检测工艺规程引用的标准、法规应根据规程的适用范围决定。例如，固定式压力容器的目视检测，应引用 GB 150—2011《压力容器》。对于压力容器定期检验中的目视检测，应引用 TSG R7001—2010《压力容器定期检验规则》等。

6.3.1.3 目视检测人员的资格

目视检测人员的资格可以是通用的检验人员资格，如压力容器检验员、压力容器检验师等，也可以是经过专门的培训机构培训后自己认定的资格。但无论如何，目视检测人员至少有一只眼睛的未经矫正或经矫正的近（距）视力和远（距）视力应不低于 5.0（小数记录值为 1.0），测试方法应符合 GB 11533—2011《标准视力对数表》的规定，并且应每 12 个月检查一次视力，以保证检测人员正常的或正确的近距离分辨能力。如检测结果可能对辨别颜色有特别要求，则检测人员还应补充色力测试，以保证必要的色辨力。图 6-1 是常用的视力检查表。

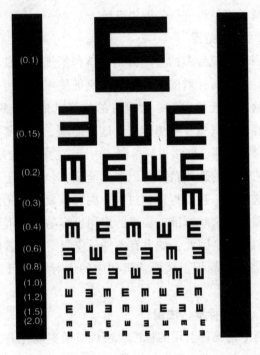

图 6-1　常用视力表

6.3.1.4　目视检测器材

目视检测的器材主要包括辅助工具、测量工具和记录工具三类。辅助工具的用途是帮助检测人员能看见、看得更清楚、测得更准确；测量工具的用途是帮助检测人员对被检部位和缺陷的尺寸进行测量；记录工具则是用来帮助检测人员记录已发现缺陷。

常用的目视检测测量工具有（部分）：直尺、卷尺、游标卡尺、深度尺、焊缝检查尺、塞尺、激光测距仪、全站仪。

常用的辅助工具主要有：放大镜、光源、手锤、反光镜、望远镜、内窥镜、扁铲或刮刀、测量样板。

除了钢笔、炭素笔及纸张以外，常用的目视检测记录工具还有照相机、透明胶带、橡皮泥、粉笔、石笔、记号笔。

辅助工具和记录工具的使用方法在《压力容器目视检测技术基础》一书中已有比较详细地介绍，在此不再赘述。

6.3.1.5 被检件、位置、可接近性和几何形状

这一部分的要求针对的是检测目的物的部件。如果检测工艺规程的适用范围太大，这一部分的内容将相当繁复，否则不能反映实际状态。例如在钢瓶的检测中，被检件应该是瓶体（包括筒体和封头）、焊缝和瓶口，位置是钢瓶外部（如果位置是内部，则应执行内窥镜检测工艺规程）、立放和倒置等。如果是卧式储罐的目视检测，被检件应该是筒体、封头、焊缝、接管、接管角焊缝、法兰、人孔和手孔盖板、补强圈、内件、支承、支承焊缝、基础和安全附件等，位置是外部、内部及其他等。被检件的可接近性非常重要，有的被检件得一些部位会无法靠近实施检测，如果存在无法靠近的部位，在检验技术的选用上就要特殊考虑。

6.3.1.6 目视检测的覆盖范围

前已述及，一个目视检测工艺规程不要力求包罗万象，以免复杂化。例如卧式储罐基础的目视检测与本体的检测要求不同，可以不包括在储罐本体的目视检测工艺规程中。因为所有形式的压力容器基础的目视检测，其性质基本相同，因此，应针对其基础单独制定目视检测工艺规程。压力容器定期检验中的目视检测覆盖范围的内容在《压力容器目视检测技术基础》一书中的压力容器目视检测内容表中已有叙述，现摘录如下（表6-2）。

表6-2 压力容器目视检测内容

序号	检查部位	须检查的缺陷
1	筒体、封头	裂纹 鼓包 机械损伤、工卡具焊迹、电弧灼伤、飞溅、焊瘤、凹坑 变形 泄漏 过热 腐蚀
2	对接焊缝	裂纹 咬边 气孔、夹渣 表面成型 焊缝余高、错边、棱角度、未填满 泄漏 腐蚀
3	角焊缝	裂纹 咬边 表面成型、未填满 焊脚高度 泄漏 腐蚀
4	法兰	裂纹 腐蚀 密封面损伤
5	开孔补强	大开孔有无补强，补强板信号孔
6	密封紧固件	螺栓
7	支承或者支座	下沉、倾斜、开裂，直立压力容器和球形压力容器支柱的铅垂度，多支座卧式压力容器的支座膨胀孔等

序号	检查部位	须检查的缺陷
8	排放（疏水、排污）装置	堵塞、腐蚀、沉积物
9	检漏孔	堵塞、腐蚀、沉积物
10	隔热层	破损、脱落、潮湿
11	衬里层	破损、腐蚀、裂纹或脱落
12	堆焊层	龟裂、剥离和脱落
13	安全附件	齐全、完好
14	接管	裂纹 咬边 气孔、夹渣 表面成型 未填满 泄漏 腐蚀 变形
15	换热器管束	裂纹 咬边 气孔、夹渣 表面成型 未填满 泄漏 腐蚀

6.3.1.7 被检表面结构情况

应对被检表面的处理要求进行说明，如果需要观察裂纹，则被检表面必须打磨，且露出金属光泽。

6.3.1.8 被检表面的照明要求

NB/T 47013.7—2011《承压设备无损检测 第7部分：目视检测》中明确要求直接目视检测的区域应有足够的照明条件，被检件表面至少要达到 500lx 的照度，对于必须仔细观察或发现异常情况并需要作进一步观察和检测的区域则至少要达到 1000lx 的照度。但目前国内的检测机构很少配备光度计，被检表面的照明要求在目前的实际检测中往往被忽视。为了改变这种情况，检测机构应为检验人员配备相应的照明设备。此外，检测机构应对各种日照条件下的照度和检测中可能使用的照明灯、行灯、手电等照明工具的照度进行测量，并根据测量结果对检测中如何利用日光进行照明、如何选用照明工具进行照明做出规定。

照明的方法对有些缺陷的检测非常重要，例如在对容器的内壁检测时，一定要采用平行照射的方法对容器的内壁表面照明，这样照明对发现鼓包类缺陷比较敏感。

6.3.1.9 目视检测的时机

此处检测时机指的是在什么时候进行目视检测，例如因为构件被腐蚀表面上的腐蚀产物更有利于对腐蚀的检测，因此，对腐蚀表面的目视检测，应在对其进行喷砂处理之前实施（如果选择了喷砂处理）。

6.3.1.10 目视检测技术

此处的目视检测技术指的是直接目视检测或间接目视检测，如果是间接目视检测，应描述清楚间接目视检测的技术和方法。

6.3.1.11 目视检测结果的评定

应明确给出目视检测结果的评定结论和判断检出缺陷是否合格所依据的标准、法规。所依据的标准和法规必须是检测工艺规程中引用的标准、法规。

6.3.1.12 目视检测记录、报告和资料存档

目视检测工艺规程中应规定目视检测记录的格式、目视检测报告的格式和资料存档的具体要求。

6.3.1.13 目视检测工艺规程编制（级别）、审核（级别）和批准人员

目视检测工艺规程的编制人、审核人和批准人应在目视检测工

艺规程中规定的位置签字，并注明编制人和审核人的技术级别或资质级别。

6.3.1.14　目视检测工艺规程的编制日期

目视检测工艺规程应注明编制和批准日期，这样可帮助有关人员判断规程的有效性。

6.3.2　其他内容

除了上面所讲的压力容器目视检测工艺规程的必要内容，还有一些其他内容也应该反映在目视检测工艺规程当中，这些内容我们称为其他内容。针对压力容器目视检测工艺规程的其他内容说明如下。

（1）受检容器元件的标记方法

在压力容器的目视检测中，受检容器元件的标记是一项很重要的工作。对受检压力容器的元件进行科学合理的标记，既有利于记录检测结果，也有助于再现检测缺陷。在压力容器的定期检验中，目视检测往往是第一道检测工序，也是涉及范围最广和最全面的检测工序。因此，压力容器受检元件的标记一般由目视检测人员确定。各个机构的标记习惯不同，甚至各个检验人员的标记习惯也有所差异，因此应在目视检测工艺规程中规定统一的标记方法。

压力容器元件的标记包括压力容器简图、容器的标识代号、部件的标识代号及编号以及容器上做出的标记。容器的标识代号与部件的标识代号及编号组成了受检元件的唯一性标记。除了标记的唯一性，标记还应做到简洁、明了，便于识别。

（2）主要元素

ASME 第 V 卷中第 9 章中的表 T-921 对检测工艺规程中的要素进行了主要元素和非主要元素区分与界定（表 6-1）。表中的主要元素在规程中必须明确说明，如果在实施检测中发现实际情况与规程中的说明不符，则检测工艺规程应重新进行验证。

（3）工艺规程的验证方法

NB/T 47013.7—2011《承压设备无损检测 第 7 部分：目视检测》规定制定目视检测工艺规程后应采用验证试样对其进行验证。验证试样可采用一条宽度小于或等于 0.8mm 的细线或其他类似的人工缺陷。验证试样应放在被检件表面或光照条件、表面结构、反差比和可接近性等方面与被检件相似的表面，且最好放在被检区域中最难以观察到的部位。ASME 第 V 卷中规定当检测技术、观察方法、表面情况、光照条件或验证试样等对检测灵敏度有严重影响的因素发生改变时，工艺规程应重新进行验证。

在压力容器的实际检测工作中，必须对目视检测工艺进行验证。但是压力容器的元件较多，一台容器上不同部位的光照条件、表面结构、反差比和可接近性等方面差异很大，因此在目视检测工艺规程中应明确规定目视检测工艺规程的验证方法。验证方法应规定验证人员、验证试样和验证记录。

6.3.3　通用目视检测工艺规程实例与分析

现以一个球型储罐的目视检测工艺规程为例，对其中的各条款进行说明和分析，并对照 NB/T 47013.7—2011《承压设备无损检测 第 7 部分：目视检测》的规定验证其符合性。

以下是某检测机构的《球型储罐目视检测工艺规程》。

封面

球型储罐目视检测工艺规程

编制：

编制人级别：

审核人级别：

审核：

批准：

编制日期：

检测机构名称

一、总则

（1）本规程用于规范本机构的球型储罐目视检测的工作内容和工作方法。

（2）本指导书适用于按照 TSG R7001—2010《压力容器定期检验规则》规定所实施的球型储罐定期检验的目视检测。对于其他性质的球型储罐目视检测，可参照执行。

（3）本指导书的编制依据如下：

TSG R0004—2009《固定式压力容器安全技术监察规程》

TSG R7001—2010《压力容器定期检验规则》

NB/T 47013.7—2011《承压设备无损检测 第 7 部分：目视检测》

GB 150—2011《压力容器》

GB 12337—1998《钢制球型储罐》

ASME 第 V 卷《无损检测》

《压力容器基础目视检测工艺规程》（本机构制定的另一目视检测工艺规程）

二、检测人员

（1）目视检测负责人必须具有压力容器检验师资格，具有压力容器检验员资格的检测人员及其他检测人员可参加检测工作，但不得出具检测报告。

（2）检测人员在实施检测前的 12 个月内应做过 GB 11533—2011《标准视力对数表》规定的视力测试，并测试合格。

（3）检测人员应经过本检测工艺规程的培训并考核合格。

三、检验仪器设备

（1）辅助工具 辅助工具包括放大镜、光源、手锤、反光镜、扁铲或刮刀以及测量样板。其中光源有投影灯（即安全行灯，也称手把灯）、手电筒或头灯等。投影灯的供电电源必须在 24V 以下。

无论选择以上何种光源，必须保证其在密闭空间内，距离被检表面 600mm 时照射被检表面，被检表面的照度能够达到 1000lx 以上。

（2）测量工具　测量工具包括直尺、卷尺、焊缝检查尺以及全站仪。测量工具在实施检测前应保证与经过检定的仪器进行过校对，并应保存校对记录。

（3）记录工具　记录工具含照相机和粉笔、石笔、记号笔。

四、检测前的准备工作与安全措施

（1）与用户协商是否拆除球罐的保温设施，如不拆除保温设施，则只能在内部检查球罐壳体和对接焊缝。球腿与球壳连接焊缝处最少应拆除一处，进行检查。

（2）检验前应当结合现场实际情况，进行危险源辨识，对检验人员进行现场安全教育，并且保存教育记录。

（3）检验人员应当执行使用单位有关动火、用电、高空作业、罐内作业、安全防护、安全监护等规定，确保检验工作安全。

（4）检验照明用电电压不超过 24V，引入压力容器内的电缆应当绝缘良好，接地可靠。

（5）检验前球罐内部介质必须排放、清理干净，用盲板隔断所有液体、气体或者蒸汽的来源，同时设置明显的隔离标志。禁止用关闭阀门代替盲板隔断。

（6）盛装易燃、助燃、毒性或者窒息性介质的球罐，使用单位必须进行置换、中和、消毒、清洗，取样分析，分析结果必须达到有关规范、标准的规定。

（7）人孔打开后，必须清除可能滞留的易燃、有毒、有害气体；球罐内部空间内氧气的气体体积分数应当在 18%～23% 之间。必要时还应当配备通风、安全救护等设施。

（8）搭设脚手架、内部搭设满堂架。

（9）球壳内表面特别是腐蚀部位和焊缝部位，必须彻底清理干净，焊缝周围母材表面应当露出金属本体。

（10）检验时，应当有专人监护，并且有可靠的联络措施。

（11）检验负责人应在实施检查的条件下在球罐的母材、焊缝和接管等处用 0.7mm 的铅芯划出 5mm 长的痕迹，告知检测人员大致的位置，便于检测人员寻找，作为目视检测工艺规程的验证。检测人员能够找出全部的痕迹可判定检测工艺规程适用，并将验证结果记录在原始记录表中。

以上工作全部完成后方可实施检查。

五、目视检测作业

（1）标记

（ⅰ）绘制受检球型储罐简图，在简图上标注球型储罐的使用单位、球型储罐的位号。

（ⅱ）在简图上对球壳板、焊缝、接管、球腿等元件进行编号。并应注明编号的参考方位。

（ⅲ）注明元件编号在内部和外部的识别方法。

（2）球罐壳体的检查

（ⅰ）按简图中球壳板的编号，用醒目的方式在球壳板上进行标注（记录简图中的编号必须与实际编号一致）。

（ⅱ）检查球壳板内、外表面的腐蚀情况。

（ⅲ）检查是否存在机械损伤、工卡具焊迹、电弧灼伤、飞溅、焊瘤、凹坑等缺陷。

（ⅳ）检查是否存在表面裂纹。

（ⅴ）检查有无变形并测量变形尺寸。

目视检测球壳板的任何部位，眼睛与球壳板表面的距离均不应超过 600mm，且眼睛与被检球壳板表面所成的夹角不小于 30°。

（3）焊缝检查

（ⅰ）按简图中对焊缝的编号，用醒目的方式在球罐上进行标注（记录简图中的编号必须与实际编号一致）。

（ⅱ）检查是否存在焊缝腐蚀。

（ⅲ）检查是否存在表面裂纹。

（ⅳ）检查是否存在焊缝咬边。

（ⅴ）检查布置不合理焊缝的情况。

（ⅵ）焊缝对口错边量、棱角度检查与测定。

（ⅶ）焊缝余高、角焊缝的焊缝厚度和焊角尺寸测定。

在对大部分焊缝进行目视检测时，眼睛与被检部位焊缝表面的距离不应超过600mm，且眼睛与被检焊缝表面所成的夹角不小于30°。对个别不能满足这一条件的接管焊缝部位，应可使用反光镜辅助检查。

（4）接管部位检查

（ⅰ）按简图中对接管的编号并用醒目的方式在接管上进行标注（记录简图中的编号必须与实际编号一致）。

（ⅱ）检查接管内、外表面的腐蚀情况，直径小于200mm的接管内部必须用灯光法进行检查。

（ⅲ）检查接管部位是否存在机械损伤、工卡具焊迹、电弧灼伤、飞溅、焊瘤、凹坑等缺陷。

（ⅳ）检查接管部位是否存在表面裂纹，直径小于200mm的接管内部只能观察，按标准规定属于无效检查。

（ⅴ）检查接管部位是否存在变形，有则测量变形尺寸。

（ⅵ）检查接管法兰是否存在缺陷。

（5）开孔补强板与球腿检漏孔、信号孔的检查

（ⅰ）检漏孔、信号孔的泄漏痕迹检查。

（ⅱ）检漏孔、信号孔的疏通检查。

（6）安全附件检查

安全附件只检查安全附件是否齐全。

（7）球腿

（ⅰ）按简图中对球腿的编号，用醒目的方式在球腿上进行标注

（记录简图中的编号必须与实际编号一致）。

（ⅱ）使用反光镜作为辅助工具检查球腿与球壳板的连接焊缝。

（ⅲ）检查地脚螺栓的完好情况。

（ⅳ）检查球腿的垂直度。

（8）基础检查

按照《压力容器基础目视检测工艺规程》的规定进行。

六、检测记录

（1）检查中应及时填写《球型储罐目视检测工艺规程》附表1和附表2，《球型储罐目视检测工艺规程》附表1和附表2不能反映的检出缺陷应另外在附页中记录，所有检出缺陷必须在示意图中标注。

（2）检测记录填写完成后交检验负责人审核，检验负责人根据检测记录出具检测报告。

（3）检测报告与检测记录（含标注了检出缺陷的球罐简图）一并按本机构的档案管理规定存档，并永久保留。

七、检测结果评定

按 TSG R7001—2010《压力容器定期检验规则》第四章安全状况等级评定中的规定对检出缺陷进行评级。

八、附则

如果与用户的合同规定增加或删减本规程所列的检测项目，应当在原始记录中作出说明。

《球型储罐目视检测工艺规程》 附表1

压力容器宏观检测记录 （1）

单位内编号/设备代码：　　　　/　　　　报告编号：

序号		检验项目	检查结果	备　注
1		裂纹		
2		鼓包		
3		机械损伤		
4		变形		
5		泄漏		
6		工卡具焊迹		
7		电弧灼伤		
8		过热		
9	本体检查	内外表面的腐蚀		
10		封头主要参数		
11		封头与筒体的连接		
12		开孔位置及补强		
13		法兰密封面及其紧固螺栓		
14		大型容器基础的下沉、倾斜、开裂		
15		直立压力容器和球形压力容器支柱的铅垂度		
16		多支座卧式容器的支座膨胀孔		
17		排放（疏水、排污）装置		
18		多层包扎、热套容器泄放孔		
19		快开门式压力容器的安全联锁功能		
	其他			

结果：

检验：　　　　　日期：　　　　审核：　　　　　日期：

— 157 —

《球型储罐目视检测工艺规程》附表 2

压力容器宏观检测记录（2）

单位内编号/设备代码： 　　　／　　　　报告编号：

序号	检验项目		检查结果	备　　注
1	焊缝检查	裂纹		
2		泄漏		
3		腐蚀		
4		焊缝布置		
5		焊缝形式		
6		纵/环焊缝最大对口错边量	／　　mm	
7		纵/环焊缝最大棱角度	／　　mm	
8		纵/环焊缝最大咬边	／　　mm	
9	隔热层、衬里检查	隔热层破损、脱落、潮湿		
10		隔热层下腐蚀		
11		隔热层下裂纹		
12		衬里层的破损、腐蚀、裂纹或脱落		
13		检查孔是否有介质流出		
14		堆焊层的龟裂、剥离和脱落		
	其他检查			

结果：

检验：	日期：	审核：	日期：

目视检测工艺验证记录：

验证人： 　　　　　　　　　　　　　　　　日期：

在上面的球型储罐目视检测工艺规程中（以下简称规程），必要内容（1）在规程的第一条第二款中体现，这里明确了本规程是针对球型储罐的定期检验中的目视检测。必要内容（2）在第一条第三款中给出，其中引用的《压力容器基础目视检测工艺规程》补充了定期检验中对基础的检验要求。必要内容（3）在规程的第二条中作出了规定。必要内容（4）体现在规程的第三条中。必要内容（5）和（6）体现在规程的第五条第二至第八款。必要内容（7）、（8）和（9）在规程的第四条中进行了描述。必要内容（10）则贯穿于规程的第五条第二至第八款，未明确提出检测技术的默认为直接目视检测。必要内容（11）在规程的第七条中规定。必要内容（12）在规程的第六条中规定。必要内容（13）和（14）体现在规程的封面。

其他内容（1）在规程的第五条第一款中规定。对于其他内容（2），从规程中我们可以看到 ASME 第 V 卷表 T-921 中的主要元素都有明确的规定。其他内容（3）在规程的第四条第十一款中做出了规定。

6.4 专业目视检测工艺规程

专业目视检测工艺规程指的是某一类或某一台压力容器甚至是某一压力容器元件的目视检测工艺规程。例如上一节在目视检测工艺规程实例中提到的《压力容器基础目视检测工艺规程》就是压力容器部件（基础）的专业目视检测工艺规程。但是在实际检验工作中需要特别制定的往往是某一类或某一台压力容器的目视检测工艺规程。仍以球型储罐为例，其储存介质为液化石油气的球型储罐与储存介质为氮气的球型储罐的检验重点完全不同。如果球型储罐的介质是氧气，它会有许多特殊的检验要求，这些检验要求在上节给出的球型储罐通用目视检测工艺规程中完全没有体现。因此，对于介质为氧气的球型储罐应该制定专业的目视检测工艺规程。

制定专业目视检测工艺规程，主要考虑压力容器的结构特点和失效模式。例如氧气球罐的内壁往往会有一个用于隔离球罐金属材料与介质中可能出现的油脂的防腐隔离层，这是氧气球罐不同于其他球罐的结构特点。氧气球罐介质中的油脂如果与球罐金属材料接触可能引起金属材料的剧烈氧化反应，导致球罐燃烧，造成严重的恶性事故，这是氧气球罐不同于其他球罐的失效模式。因此氧气球罐的专业目视检测工艺规程应该根据这两个特点来制定。

专业目视检测工艺规程必须满足 NB/T 47013.7—2011《承压设备无损检测 第 7 部分：目视检测》中对目视检测工艺规程的规定，但是专业的目视检测规程应力求简洁、明了。如果机械地对照 NB/T 47013.7—2011 中的规定来编写，会造成目视检测工艺规程过于复杂。这就要求在编制专业目视检测工艺规程中采取一些技巧。例如在专业目视检测工艺规程中，首先要规定从事规程中目视检测的检验人员必须掌握某一通用目视检测工艺规程，并完全满足通用目视检测工艺规程中的要求。在专业目视检测工艺规程中引用这一通用目视检测规程，可以保证专业目视检测工艺规程满足 NB/T 47013.7—2011 对目视检测工艺规程的要求。引用这一通用目视检测规程后，在专业目视检测工艺规程中的技术描述部分仅论述与相关压力容器的结构特点和失效模式有关的部分即可。

压力容器的结构特点在设计图样上会全面体现，但是确定压力容器的失效模式，往往是技术含量很高，难度很大。美国石油学会的 API 571《炼油厂固定设备的损伤机理》中对大部分压力容器的失效模式、发生的可能性以及检测方法给出了详细地介绍。是编制压力容器目视检测工艺规程的重要参考标准。《压力容器检验及无损检测》一书和本书的第 7 章给出了部分典型容器的目视检测案例，可帮助读者制定一些容器的专用目视检测工艺规程。

6.5　目视检测工艺规程的评估

制定出满足各方面要求的目视检测工艺规程并不是就一劳永逸了。在目视检测工艺规程使用了一段时间后，还应对其进行评估。检测机构应定期对目视检测工艺规程进行评估。

目视检测工艺规程的评估主要考虑以下几个方面：

（1）目视检测工艺规程与其适用范围的匹配；

（2）目视检测工艺规程的培训与机构人员培训计划的匹配；

（3）目视检测工艺规程中检验器材与检验方法的匹配；

（4）目视检测工艺规程中的检测技术与方法与被检件及应检缺陷的匹配；

（5）目视检测工艺规程与依据标准的匹配；

（6）在目视检测工艺规程有效期内从事的检测工作中有无出现漏检，有无出现差错；

（7）在目视检测工艺规程有效期内从事的检测工作有无不能及时出具检测报告的现象；

（8）在各种质量检查中有无发现报告错误；

（9）有无对目视检测工艺规程的修改意见；

（10）有无检测工作中违反目视检测工艺规程的现象，违反的频次多大；

检测机构应订立目视检测工艺规程的评估计划，明确以上 10 个评估方面数据的获得途径，规定参与评估的人员及分工，然后按计划进行目视检测工艺规程的评估。评估完成后应将评估的结果存档，作为改进目视检测工艺规程的参考依据。

6.6　目视检测工艺规程的改进

目视检测工艺规程评估的目的是为改进目视检测工艺规程提供依据，只有经过不断地评估和改进，才能使得目视检测工艺规程更加科学、更加合理。目视检测工艺规程的科学合理对提高目视检测的技术水平以及检测质量都有着极其重要的意义。

对目视检测工艺规程进行改进和完善，首先要组织目视检测工艺规程的编制人、机构的技术骨干、质量专家和管理人员对目视检测工艺规程的评估结果进行分析，查找问题及其产生的原因，然后分析产生问题的原因与目视检测工艺规程的关系，定量地给出问题原因与目视检测工艺规程相关条目的关联程度，由编制人初步提出目视检测工艺规程的改进修订意见。初步修订意见提出后，应将初步修订意见与修订的依据一起交给检测经验丰富且工作认真肯干的检测人员征求意见，以避免晕轮效应。将征求的意见汇总后由规程编制人和审核人一起对征求的意见进行分析，确定最终的修订稿。修订稿经机构批准人批准后生效。

习题

1. 压力容器通用目视检测工艺规程的编制依据有哪些？

2. 试列举3个专业目视检测工艺规程，并给出其编制依据。

3. 压力容器目视检测工艺规程必须满足哪个标准的要求？

4. JB/T 4730.7《承压设备无损检测 第7部分：目视检测》中规定了哪些目视检测工艺规程的必须内容？

5. 浅谈目视检测工艺规程中对检测人员应如何规定。

6. 浅谈你对目视检测工艺规程验证的认识。

7. 试分析 JB/T 4730.7《承压设备无损检测 第7部分：目视检测》中的哪些内容在本章的通用目视检测工艺规程实例中没有体现。

8. 专业目视检测工艺规程的编制主要考虑哪两个方面？

9. 目视检测工艺规程的评估主要有哪几个方面？

10. 浅谈你对目视检测工艺规程改进的看法。

7　压力容器目视检测案例

为了更好地帮助阅读本书的检验员在压力容器检验当中科学合理地运用目视检测，提高检验检测水平，现以部分典型压力容器的目视检测案例为基础，详细阐述压力容器定期检验中的检验策略。

压力容器的检验是有成本的，如何在检验中以较小的经济成本取得最大的安全效果，是压力容器使用企业的理想目标。压力容器检验的目的是为了保障其安全运行，而影响压力容器安全运行的最大的障碍就是失效。因此，压力容器的检验应该围绕失效机理展开。在本章的各个案例中，将围绕各种类型压力容器的失效机理确定相应的目视检测重点。

7.1　压力容器的检验策略

压力容器的检验策略包括检验时间、检验类型、检验方法和检验有效性等。检验策略的差异主要是依据不同，在用压力容器的定期检验主要依据潜在损伤机理和失效模式，而基于风险的检验（RBI）除了潜在损伤机理和失效模式之外，还要考虑损伤速率和失效后果。不同的检验策略，使得目视检测工作的重点有所差异。

要想科学合理地制定压力容器的检验方案，必须了解要检验的目标压力容器，即受检压力容器。了解的内容包括压力容器的结构特点、使用特点和潜在损伤机理。

7.1.1　了解被检压力容器的特点

为了科学合理地检验压力容器，必须全面的了解所要检验的压力容器。每一台压力容器都有它的特点，作为检验员所要了解的主要有压力容器的结构特点和使用特点两个方面。结构特点包括压力容器的形状、材料、规格尺寸、外部有无保温层、内部有无衬里、衬里形式、连接方式、支座形式、内件等。使用特点则包括压力容器的用途、使用温度、操作压力、介质、介质中的杂质及有害成分、操作中的温度及压力变化等。

了解压力容器特点的最直接和最有效的方法是阅读压力容器的设计图样。在我国，法规要求每一台压力容器制造完成后都需要由制造单位提供包括变更信息并加盖设计单位资质印章的竣工图。通过阅读压力容器的竣工图，不仅可以了解容器的形状、各部分的尺寸、所有的接管、内件、衬里、支撑、各个元件的材质等压力容器的结构特点，而且可以了解容器的使用压力、温度、介质等使用特点。通过竣工图样也能了解压力容器的一些制造信息，如热处理、无损检测，水压和气密试验等要求。此外，竣工图样还能反映压力容器制造过程中部分元件材料的代用信息。

根据图样所提供的信息，可以确定一台压力容器在停工期间是否可以进入内部实施检验，可以选用哪些检验方法检验哪些部位。对于大多数压力容器，根据竣工图就可以制定检验方案。但是对于一些特殊的压力容器，图样上只给出了部分使用特点信息，损伤机理信息则几乎没有涉及。为了科学合理地制定检验方案，必须掌握其使用特点和损伤机理。

除了图样之外，获得压力容器使用特点信息的途径主要有三个：通过用户的操作规程来了解、通过生产工艺流程图来掌握、通过与操作工交谈来了解这些信息。

对于大多数专业检验机构的检验员来说，对生产工艺流程图比较陌生。生产工艺流程图上面无数的设备符号和线条让人眼花缭乱，如果无人讲解很难明白。笔者阅读生产工艺流程图的经验如下：

生产工艺流程图表达的是从原料到产品的整个生产过程路线，图中一般会标注所有生产设备及其附属设备，这些设备以带有箭头的直线从原料进入生产线开始按介质流经的先后顺序被串联起来直至产品出口结束。任何复杂的生产工艺都是原料通过反应才能得到产品，因此，阅读生产工艺流程图应首先找到原料进入流程的开始点，接着再找反应器，然后再找到产品出口，这样就掌握了一个工艺流程的主线。掌握工艺流程的主线后，工艺流程图就容易理解了。化学反应需要一定的温度和压力，原料进入反应器之前都会有相应设备对其进行加温和加压，反应完成后都要对反应产物进行分离得到产品。找到相应的设备后，工艺流程图就基本清楚了。

7.1.2 了解被检压力容器的损伤机理

压力容器的种类千差万别，其损伤机理更是无法枚举。掌握压力容器的损伤机理有时候十分不易，这需要长期不懈的理论研究和技术积累，如果能够掌握 40 种以上的常见损伤机理就完全可以达到高级检验人员的水平了。限于本书的目的，在此不一一介绍压力容器的各种损伤机理，只重点介绍了解压力容器损伤机理的方法。

要了解并掌握一种压力容器的损伤机理，必须借鉴前人的研究成果，最直接的方法就是查阅相关文献。查阅相关文献的前提是知道要了解的压力容器的用途，例如是反应容器，还是储存容器，或者是换热容器等，然后要知道容器属于哪一个行业的哪个装置。通过查阅文献了解这个行业中的这个装置有什么使用特点，在使用中发生过什么问题以及发生问题时是如何处理的。此外，还应通过文献了解同类容器有什么使用特点、曾经存在什么问题以及其对该问题的处理方法等。通过阅读上述相关文献，就能够比较深刻地了解相关容器的损伤机理。

对于炼油行业，美国石油学会对相关容器的损伤机理做了全面的归纳，颁布了 API 571《炼油厂固定设备损伤机理》。了解和掌握炼油装置的损伤机理，学习 API 571 是最简单有效的方法。掌握 API 571 中的各种损伤机理，也有利于掌握其他行业中压力容器的损伤机理。

在用压力容器的失效模式可归纳为以下9种：

（1）减薄；

（2）变形；

（3）连接部位失效；

（4）容器本体的开裂；

（5）鼓包；

（6）微孔、微隙；

（7）金相组织变化；

（8）材料性能变化；

（9）阳极的形成。

7.1.3　压力容器的定期检验

常规的压力容器定期检验就是基于失效模式的检验，它的原理是在了解受检压力容器失效模式和损伤机理的前提下，针对压力容器的失效模式进行检验。因此，压力容器定期检验必须先确定受检压力容器失效模式，然后根据这些失效模式制定有针对性的检验方案。可以根据API 581《基于风险的检验》中给出的检验有效性对检验方案进行评价，评价制定的检验方案是否有足够的针对性。

表7-1中对5个检验有效性级别进行了说明。表7-2给出了各种检验技术对各类失效模式的检验效果。

表7-1　检验有效性分级

检验有效性级别	描　　　述
高度有效	某种检验方法准确识别实际损伤状态的置信度为80%~100%
中高度有效	某种检验方法准确识别实际损伤状态的置信度为60%~80%
中度有效	某种检验方法准确识别实际损伤状态的置信度为40%~60%
低度有效	某种检验方法准确识别实际损伤状态的置信度为20%~40%
无效	某种检验方法准确识别实际损伤状态的置信度小于20%

表 7-2 对应不同失效模式的检验技术使用效果

检验技术	减薄	表面裂纹	埋藏裂纹	微孔	组织变化	变形	鼓包
目视检测	1，2，3	2，3	X	X	X	1，2，3	1，2，3
超声纵波检测	1，2，3	3，X	3，X	2，3	X	X	1，2
超声横波检测	X	1，2	1，2	2，3	X	X	X
荧光磁粉检测	X	1，2	3，X	X	X	X	X
着色渗透检测	X	1，2，3	X	X	X	X	X
声发射检测	X	1，2，3	1，2，3	3，X	X	X	3，X
磁涡流检测	1，2	1，2	1，2	3，X	X	X	X
漏磁检测	1，2	X	X	X	X	X	X
射线检测	1，2，3	3，X	3，X	X	X	1，2	X
尺寸测量	1，2，3	X	X	X	X	1，2	X
金相检验	X	2，3	2，3	2，3	1，2	X	X

注：1—高度有效；2—中高度有效；3—中度有效；X—低度有效和无效。

从表 7-2 中可以看出目视检测能否对减薄、表面裂纹变形和鼓包等缺陷进行有效检验。表 7-2 中只是说明了采用何种检验技术可以有效地检出哪些失效模式，并不代表只要采用了相应的检验技术就一定能够检出相应的失效现象。在检验实践中，如何使用一种检验技术，对失效现象的检出有极大的影响。目视检测的合理运用，对提高缺陷的检出率是至关重要的，为此，本章将给出一些典型压力容器的目视检测案例，以期为合理地运用目视检测技术提供参考。

7.1.4 基于风险的检验

石油化工装置在停止运行进行定期检验时，要对容器进行清洗、置换、拆装保温、卸装触媒催化剂及触媒催化剂的再生等都要花费大量的费用和时间。对于绝大多数重要压力容器来说，这些辅助工作所发生的费用要远大于直接的检验费用，而企业做这些工作的目的往往是单纯为了压力容器的定期检验。这样就对检验单位提出了一系列新的问题，在保证安全的前提下，什么样的检验是必须的？怎样检验才能即保证压力容器使用安全，同时又能缩短企业停工时间，节省企业的辅助工作费用？这些问题需要检验单位认真思考，科学分析后作出决定。

压力容器的安全并不是孤立的，它与自身因素、系统因素、使用因素、环境因素等有着紧密的联系。从 20 世纪 80 年代《压力容器安全技术监察规程》颁布后所发生的事故案例来看，压力容器安全事故中大部分与使用和管理有关。如压力容器制造质量很好，设计条件完全满足使用条件，这时对安全附件的检验就更为重要。我们知道，压力容器的正常腐蚀减薄是可以预测的，并且容易检测，而氢脆、应力腐蚀等复杂的失效是要有相应的条件才能发生的。容器检验的目的是降低风险，对于一台压力容器来说，计划采用的检验程序和内容是不是降低风险所必须的？检验程序和内容能否起到降低风险的作用？针对这两个问题，国际上许多机构进行了大量的研究和探索，提出了基于风险的检验（Risk Based Inspection，RBI）方法。这一方法一经提出，立即得到了企业用户的欢迎，目前已在石油化工行业得到了广泛的应用。

基于风险的检验与常规的定期检验的区别就是它以压力容器失效后可能带来的风险作为制定检验方案的依据。它将风险定义为失效可能性与失效后果的乘积。图 7-1 是基于风险的检验定义的风险矩阵，其纵轴代表失效可能性，依据失效可能性的大小，分为 1~5 级。横轴代表失效后果，依据后果的大小分为 A~E 级。

失效后果由失效后可能泄漏的介质存量及介质的性质计算，它主要考虑可燃事件（热辐射和爆炸冲击波超压）、毒性泄放、环境污染以及营业中断 4 个方面（在 API 581《基于风险的检验》中这 4 个方面被称为 4 种情形）。

在制定检验方案的过程中，根据待检压力容器的风险进行评级。在几乎每一情形中，一旦风险被识别，就会有降低风险的替代机会。

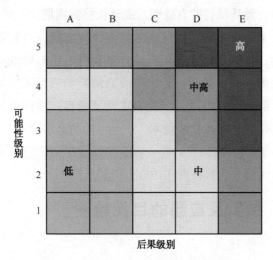

图 7-1 基于风险的检验定义的风险矩阵

知道了设备风险的组成，就可通过采取相应的检验手段包括在线监测等方法降低容器的失效可能性，还可通过设置缓解设施如消防系统、隔离系统等降低失效后果。

压力容器的检验可降低其失效可能性。应该指出，表 7-2 针对每一种失效模式给出的不同检验技术的效果中，对于微孔的破坏类型没有高度有效的检测方法，同时也没有哪种检验技术对所有失效模式都是高度有效的。但是对于大多数失效模式，却对应多种检验技术可以使用，每种都可提高检验有效性。例如在内壁腐蚀情况下，如果结合目视检查，超声测厚数据将更加有效；蠕变、微孔、形变等失效形式用任何一种检验手段都不太有效，但是结合超声波测厚、射线检测和尺寸测量等方法反复测量则会使数据更加有效。

量化的风险程度结合量化的检验有效性，就可以考查制定的检验方案对降低风险的贡献，并可优化检验方案。优化的原则如下：

（1）如果制定的检验方案不能足够的降低风险，就提高检验有效性级别或缩短检验周期。

（2）如果使用了检验有效性级别高的检验程序而不能取得风险

降低的效果，就降低检验有效性，或延长检验周期。

有了以上分析结果，就可以考核检验方案对压力容器的损伤机理和失效模式的针对性，亦即检验方案是否真正有降低压力容器失效可能性的效果。如降低检验比例或取消检验项目不影响检验降低失效可能性的效果，则可减少检验比例及项目。这样可大幅减少企业的辅助工作量和间接检验成本，产生巨大的经济效益。

据国外统计，对于一个单一功能的炼油厂，实行基于风险的检验方法后每年可节省检修费用100万美元。

7.2 加氢反应器的目视检测

7.2.1 概述

加氢反应器是各种加氢工艺过程或加氢装置的核心设备。其运行条件苛刻，操作压力和操作温度都很高，结构复杂，制造技术要求高，失效机理复杂且不易检测。一旦发生事故后果难以想象。因此，加氢反应器的设计、制造以及使用都得到了极大的关注。在某种意义上说，加氢反应器的设计和制造是体现压力容器设计单位和制造单位总体技术水平的重要标志之一。当然加氢反应器的检验同样也是体现一个检验机构总体技术水平的标志。

加氢过程是催化加氢过程的总称，其种类繁多，美国石油学会的相关规范曾将其划分为加氢处理、加氢精制及加氢裂化三大类。有时将三种工艺过程统称为催化加氢，甚至简称为加氢。

加氢处理是指对于那些劣质的重油或渣油利用加氢技术进行预处理，在得到易于进行其他二次加工过程原料的同时获得部分较高质量的轻质油品。

加氢精制一般是指对某些不能满足使用要求的石油产品通过加氢工艺进行再加工，使之达到规定的性能指标。

加氢裂化是将大分子的重质油转化为广泛使用的小分子轻质油的一种加工手段。可加工直馏柴油、催化裂化循环油、焦化馏出油，也可用脱沥青重残油生产汽油、航煤和低凝固点柴油。

加氢反应器几乎是所有压力容器中检验难度最大的设备（其内表面的堆焊层衬里更是大大增加了检验的难度）。它具有使用压力高（最高可达 20MPa）、温度高（壁温可达 450℃）、壁厚大（最厚可达 280mm）、介质苛刻（高氢分压和高硫化氢）等特点。加氢反应器分为冷壁和热壁两种，加氢工艺技术发展的早期，为了解决反应器主体材料耐氢腐蚀和抗高温硫腐蚀问题，采用了冷壁结构，即在反应器壳体（材料一般为低合金钢）内壁衬有厚度 100mm 左右的大颗粒珍珠岩泥混凝土作为隔热层，使壳体的温度不致过高以避开氢腐蚀和高温硫腐蚀的温度范围。由于冷壁结构的有效容积利用率低（约 50%~60%），且在操作过程中，有时会因内壁隔热层损坏（尤其是接管部位），导致器壁局部过热，使加氢反应器的安全运行受到威胁或被迫停工。图 7-2 为冷壁加氢反应器的结构示意图。

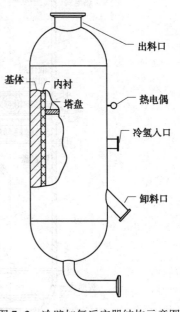

图 7-2　冷壁加氢反应器结构示意图

随着材料技术和容器制造工艺的不断进步，冷壁加氢反应器已经逐渐被热壁加氢反应器代替，现在的加氢反应器基本都是热壁反应器。热壁加氢反应器就是在反应器内用不锈钢衬里代替了原来的隔热层，高参数加氢反应器的不锈钢衬里基本为堆焊层。由于不锈钢堆焊层的采用，它除了会出现与冷壁反应器相同的一些问题外，又增添了很多新的问题，例如回火脆、氢脆、氢剥离和不锈钢堆焊层下的裂纹都是热壁加氢反应器存在的典型失效机理。图 7-3 是热壁加氢反应器的结构示意图。

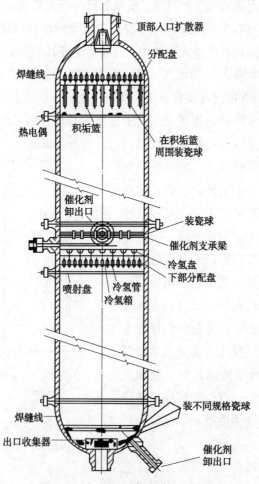

顶部入口扩散器

分配盘

焊缝线

热电偶

积垢篮

在积垢篮周围装瓷球

催化剂卸出口

装瓷球

催化剂支承梁

冷氢盘

下部分配盘

喷射盘

冷氢管

冷氢箱

装不同规格瓷球

焊缝线

出口收集器

催化剂卸出口

图 7-3　热壁加氢反应器结构示意图

7.2.2　加氢反应器的失效模式

热壁加氢反应器主要采用耐高温并能够抗氢腐蚀的 Cr-Mo 钢制造，主要是 2.25Cr-1Mo，关于热壁加氢反应器的失效模式，在 API 571《炼油厂固定设备的损伤机理》中有详细的描述。图 7-4 是 API 571 给出的加氢装置失效模式分布图。

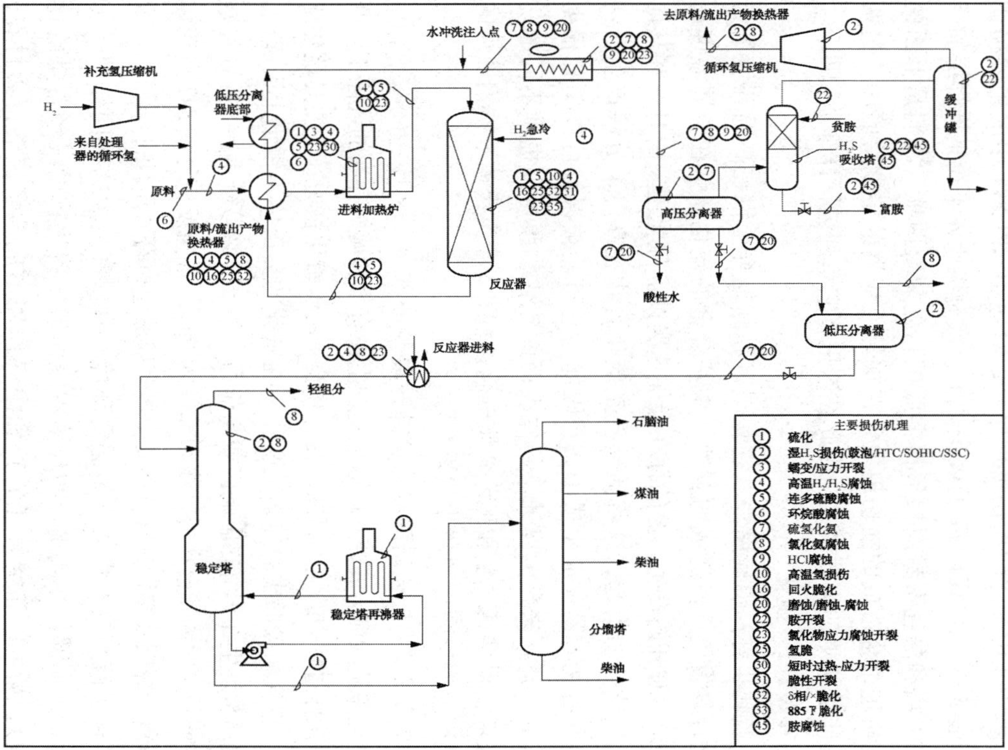

图7-4 加氢装置失效模式分布图

主要腐蚀机理
① 碳化
② 湿H₂S损伤(鼓泡/HIC/SOHIC/SSC)
③ 硫化/成片开裂
④ 高温H₂/H₂S腐蚀
⑤ 连多硫酸腐蚀
⑥ 环烷酸腐蚀
⑦ 硫化氢腐蚀
⑧ 氯化铵腐蚀
⑨ HCl腐蚀
⑩ 高温氢损伤
⑪ 磨蚀/磨损/腐蚀
⑫ 腐蚀开裂
⑬ 回火脆化
⑭ 氯化物应力腐蚀开裂
⑮ 氢脆
⑯ 短时过热、应力开裂
⑰ 885下脆化
⑱ 胺腐蚀

除图已列出的失效模式外，其失效模式还包括奥氏体不锈钢堆焊层的鼓包和剥离和法兰密封面梯形槽槽底圆角处裂纹。

图7-4中标注的损伤机理序号，对应于API 571中的主要损伤机理表5-3。在API 571的表5-3中，没有奥氏体不锈钢堆焊层的鼓包和剥离和法兰密封面梯形槽槽底圆角处裂纹两项。它们是上面的损伤机理组合造成的损伤现象，在加氢反应器的定期检验中，这两者是非常常见的失效模式。因此在这里将它单列进行详细地说明。

7.2.2.1 硫化

硫化也称高温硫腐蚀，它是碳钢和其他合金钢在高温环境下与硫化合物发生反应造成的腐蚀。铁基合金的硫化通常在金属温度超过260℃时开始发生，氢的存在会加速腐蚀。硫化主要由 H_2S 和其他活性硫化合物引起，这些活性硫是硫化合物在高温下分解产生。一些硫化合物容易反应生成 H_2S。因此，它可能被误解可以单独根据硫占的质量比来预测腐蚀。部件表面的硫化物膜可以提供不同的防护效果，根据其合金和工艺介质的腐蚀性，347奥氏体不锈钢堆焊的加氢反应器堆焊层耐硫化效果良好。

7.2.2.2 连多硫酸应力腐蚀开裂

连多硫酸应力腐蚀开裂通常是发生在有水和湿气存在的或停工、开工和操作过程中的应力腐蚀开裂。开裂是由于硫化物垢（主要是硫化亚铁）、空气和水形成的连多硫酸作用在敏化的奥氏体不锈钢上引起的。开裂通常发生在焊缝热影响区或高应力区域，开裂蔓延迅速，往往在数分钟或数小时内就会穿透管线和部件的壁厚。加氢反应器的347奥氏体不锈钢堆焊层及接管是有可能发生连多硫酸应力腐蚀开裂的。

连多硫酸应力腐蚀开裂需要环境、材料和应力的共同作用。①环境，金属部件在硫化合物环境中表面形成硫化物垢（经常是硫化亚铁），垢可以和空气（氧）和湿气作用形成连多硫酸；②材料，材料必须处于敏感的或敏化状态，在制造、焊接或高温环境过程中，受影响的合金由于暴露在升高的温度中而造成敏化，敏化是指由于组分、时间、温度的原因在金属的晶界形成碳化铬，敏化在400～815℃的温度范围内发生，合金的碳含量和热处理过程对其敏化的敏感性有十分明显的作用，低碳 L 级 [$w(C)<0.03\%$] 的奥氏体不锈钢敏感性低，通常焊接时没有敏化问题，L 级别的不锈钢在长期操作温度不超过 399℃ 的环境中不敏化；③应力。残余或其他加载的应力。绝大多数压力容器部件的残余应力通常都足以促进开裂。

连多硫酸应力腐蚀通常发生在焊缝附近，有时也发生在金属本体，大多因为范围很小而不容易发现，直到开工或有时在操作中出现裂纹时才发现。连多硫酸应力腐蚀开裂在晶间扩展。图 7-5 是接管焊缝连多硫酸应力腐蚀的照片，图 7-6 是连多硫酸应力腐蚀的金相照片，金相试样的高倍数显微照片显示了开裂和晶粒脱落。

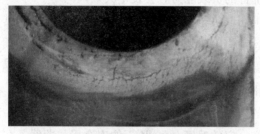

图 7-5　接管焊缝连多硫酸应力腐蚀照片

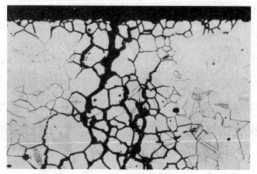

图 7-6　连多硫酸应力腐蚀金相照片

如果设备打开或暴露在空气中，应当采取防护措施以降低或消除连多硫酸应力腐蚀开裂，包括在停工过程或停工后立即用碱或苏打灰溶液冲洗设备以中和连多硫酸，或在停工中用干燥的氮气或氮气/氨保护，以防止接触空气。参考 NACE RP 0170《奥氏体不锈钢和其他奥氏体合金在炼油设备停机期间连多硫酸应力腐蚀开裂的防护》（以下简称 NACE RP 0170）指南。尽管加氢反应器的 347 奥氏体不锈钢堆焊层具有良好的抗连多硫酸应力腐蚀性能，但在停工时仍应注意充氮保护。

7.2.2.3 高温氢损伤

高温氢损伤是由于材料暴露在高温和高氢分压中造成的。氢与钢中的碳化物反应生成甲烷（CH_4），在钢中不能扩散外泄，碳化物的损失导致强度的整体损失。甲烷的积聚导致压力增加，形成气泡或空洞、微裂纹和裂缝，这些缺陷联合起来最终形成裂纹。当裂纹降低了承压部件的负载能力时会发生失效。

高温氢损伤取决于温度、氢分压、时间和应力，其中操作的暴露时间以累计计算。常用检测技术无法检测到高温氢损伤。材料是否会发生高温氢损伤是根据 API RP 941《适用于石油精炼厂和石化厂高温和高压氢气工况的钢》（以下简称 API RP 941）中的奈尔逊曲线来确定的。API RP 941 中给出了纳尔逊曲线，其中显示了碳钢和低合金钢在一定的温度/氢分压下的安全操作曲线。在 API RP 941 中可以找到更多的关于高温氢损伤的信息。

7.2.2.4 高温氢/硫化氢腐蚀

温度高于 260℃ 时，H_2S 与 H_2 的共同存在会增加高温硫化物腐蚀的程度。这种形式的硫化通常会导致与加氢装置热回路有关的元件厚度上的均匀腐蚀。在加氢反应器中高温 H_2/H_2S 腐蚀与前面所述的硫化没有很大的区别，但是在加氢装置中的管线及其他设备中，高温 H_2/H_2S 腐蚀的腐蚀带来的影响确有可能远大于硫化带来的影响。

7.2.2.5 回火脆化

回火脆化也称为高温回火脆，或简称为回火脆。它是由于材料金相组织改变造成的韧性降低，发生于一些长期暴露在 343~593℃ 范围内的低合金钢。这种改变导致由夏比冲击试验测定的韧性-脆性转变温度升高。尽管在操作温度下韧性的损失不明显，但回火脆化的设备可能会在开工和停工过程中发生脆性断裂。加氢反应器就属于回火脆化的高危设备。

制造加氢反应器的典型材料是2.25Cr-1Mo低合金钢，其回火脆化的敏感性主要由合金元素镁和硅及少量元素磷、锡、锑、砷的存在决定，强度水平和热处理、制造过程也需要考虑。2.25Cr-1Mo钢的回火脆化在482℃比在427~440℃范围内发展得快，但是长期暴露在440℃下的损伤更严重，多数损伤在脆化温度范围内服役多年后发生。这种形式的损伤会明显降低含有开裂缺陷的部件的组织完整性。焊缝通常比基体金属更容易发生回火脆化。

回火脆化是一种金相组织变化，其造成的损伤会导致灾难性的脆性断裂，外观很难发现，但可以通过冲击试验来确认。回火脆化可以通过夏比V形缺口冲击试验测定出的韧性-脆性转变温度上限来确定，并且要和未脆化的或消除脆化的材料进行对比。

为降低开、停工过程中的脆断可能性，一些炼油厂使用了一种增压步骤来限制系统压力在温度低于最小增加温度（MPT）时达到大约25%的最大设计压力（先升温、后升压或先降压、后降温）。

降低回火脆化程度和可能性的最好办法是限制基体金属和焊缝中Mg、Si、P、Sn、Sb、As的允许含量。另外，强度水平和焊后热处理（PWHT）步骤应当确定并仔细控制。降低回火脆化的常用方法是限制基体金属的J系数和焊接金属的X系数，J系数和X系数的计算公式如下：

$$J = [w(Si) + w(Mn)] \times [w(P) + w(Sn)] \times 10^4 \qquad (7-1)$$

$$X = [10w(P) + 5w(Sb) + 4w(Sn) + w(As)] / 100 \qquad (7-2)$$

式中，$w(Si)$、$w(Mn)$、$w(P)$、$w(Sn)$、$w(Sb)$、$w(As)$分别为材料中Si、Mn、P、Sn、Sb、As元素的质量分数。

用于2.25Cr钢的典型J^*和X值分别为100和15。研究表明，限制$[w(P) + w(Sn)]$低于0.01%就足以降低回火脆化，因为$[w(Si) + w(Mn)]$能够控制材料的脆化速度。

检测回火脆的常用方法是在反应器内安装和反应器建造材料及原始处理过程一致的试块。定期取出试块进行冲击试验以监测回火脆化的进度或确定是否需要采取修复措施。回火脆化的影响可以采取加热到620℃下按每25mm厚度保温2h的方法脱脆，在620℃下保温合格后快速冷却到室温。必须指出，如果脱脆后的材料再暴露在脆化温度范围内，随着时间的延续还会发生再脆化。

加氢反应器应用的初期，用户都在反应器中放置试板，反应器使用15年以上，解剖试板做冲击试验和金相检验是直接而准确地了解加氢反应器回火脆和氢脆程度的唯一有效手段。现在大多数用户都忽视了试板的作用，大多数加氢反应器都不放试板。检验员应提醒用户一定要坚持放试板，以利于反应器后期的寿命评定。

7.2.2.6　氢脆断

由于原子氢渗入高强度钢造成其韧性降低，导致脆性断裂。氢脆可以发生在制造、焊接或可以提供充氢环境的腐蚀性水溶液或气体环境中。在加氢反应器的高温氢气环境中，分子氢分解形成原子氢扩散进入合金钢材料中。由于增加的热应力及需要更长的时间来释放氢，厚壁的加氢反应器更容易发生氢脆断。

温度对氢脆断的影响明显，从室温到149℃的范围内，随着温度升高，温度对氢脆断的影响降低，通常高于71~82℃时氢脆断不易发生。氢脆断影响材料静态性能的程度比影响冲击性能大。如果存在氢和足够的应力，失效会迅速发生。捕获的氢量取决于环境、表面反应和金属中存在的氢捕集部位（如不完整处）、夹杂物和原来存在的缺陷或裂纹。

由氢脆断引起的开裂可以在表面下发生，但是多数是表面开裂。氢脆断发生在高残余或三向应力的部位（缺口、紧缩）及微观结构利于氢脆断的部位（如焊接热影响区）。加氢装置和催化重整装置的Cr-Mo钢反应器、缓冲罐以及热交换器壳体如果焊接热影响区的硬度超过235HB时则容易发生氢脆断。

7.2.2.7　σ相脆化

σ相的形成会导致一些不锈钢在高温环境中丧失断裂韧性。加氢反应器使用的 347 奥氏体不锈钢属于 σ 相脆化的敏感合金。影响σ 相形成的主要因素是暴露在高温环境中的时间，当奥氏体不锈钢暴露在 538~954℃ 范围内时容易产生 σ 相。在焊接沉积物中的铁素体相中，σ 相可以快速生成。在奥氏体相中也会形成 σ 相，但速度很慢。300 系列不锈钢可以有 10%~15% 的 σ 相。与经过固熔处理的材料相比，有 σ 相的不锈钢的拉伸和屈服强度有所增加。强度的增加伴随着延展性的降低（通过区域百分比延长和压缩来测试）和硬度的略微升高。

σ 相脆断是一种材料金相组织改变，不容易发现，只能通过金相检验和冲击试验来确认。σ 相脆断的损伤形式为开裂，尤其是在焊缝或有高约束力的部位。防止 σ 相脆断的最好方法是采用抗 σ 相形成的合金或避免材料暴露在脆断温度范围内。此外，必须注意避免在停工过程中对一个有 σ 相的材料施加高应力。对于 347 不锈钢和铁素体稍低的 304 不锈钢，可以通过将铁素体控制在 5%~9% 的范围内来降低焊缝的 σ 相。对于不锈钢堆焊的 Cr-Mo 部件，要限制其暴露在焊后热处理（PWHT）温度下的时间。

7.2.2.8　脆性断裂

脆性断裂是在应力（残余或外加）作用下的突然快速断裂，材料几乎没有延展或塑性变形。受脆性断裂影响的材料主要是碳钢和低合金钢，存在脆化相时会增加材料脆性断裂的敏感性。ASME B&PV 规范 第Ⅷ卷 第 1 册 容器设计中的 S66（冲击免除曲线）是判断材料脆性断裂的依据。对于众多的压力容器，主要在开机运行、停机、水压试验或紧固测试过程中考虑脆性断裂。厚壁材料横截面耐脆性断裂性能较低，因为高约束力会增加裂纹尖端的三维应力，因此任何装置的厚壁设备均应当引起重视。

7.2.2.9 氯化物应力腐蚀开裂

氯化物应力腐蚀开裂也称为氯离子应力腐蚀开裂，是一种表面起始的裂纹，是 300 系列不锈钢和一些镍基合金在拉伸应力、温度和含氯化物水溶液环境的共同作用下的开裂。溶解氧的存在增加了开裂的可能性。金属温度高于 60℃ 时通常会发生开裂，在更低的温度下也可发生。氯离子应力腐蚀裂纹的特征是有许多分支，目测可以发现表面龟裂现象。图 7-7 是氯离子应力腐蚀造成的蜘蛛网状裂纹示意。

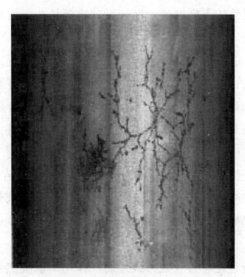

图 7-7　氯离子应力腐蚀造成的蜘蛛网状裂纹

7.2.2.10 再热开裂

焊后热处理过程中应力的释放或在高温下的金属开裂，通常发生在厚壁部件中。再热裂纹可能发生在和焊后热处理高温操作中。在两种情况中，裂纹是晶间的，没有或很少有变形。

7.2.2.11 奥氏体不锈钢堆焊层的鼓包和剥离

不锈钢堆焊层与母材表面剥离的现象，第一次由日本渡边十郎博士在 1980 年提出，我国第一批引进的热壁加氢反应器 1982 年投用后于 1989 年发现剥离缺陷，以后历年检查都有扩展的趋势。该反应器是由日本制钢所（JSW）生产，采用了熔深较浅的单层堆焊（堆焊材料为 347 奥氏体不锈钢）技术（PZ 法），而同期出厂堆焊层采用两种堆焊材料（309L+347）的双层结构反应器，在国内已使用了 10 多年却很少有剥离，说明堆焊材料和制造工艺与热壁加氢反应器堆焊层的剥离有关。

热壁加氢反应器堆焊层剥离现象的产生也属于氢脆的范畴，在正常操作过程中，堆焊层和母材之间的界面积累了比外侧更多的氢，停工冷却时因来不及逸出会被冻结在界面上。冷却后，反应器中的氢不断向界面处聚集，导致产生很大的垂直应力，据测试大约有 140 MPa 的垂直应力。考虑堆焊层和器壁基体金属两者的热膨胀系数之差以及在冷却时内壁比外壁降温慢，因此，由此产生的切向应力必然很大。这些因素与材料的氢脆现象等的叠加，就会在比较薄弱的部位产生剥离。由于冷氢入口处温度变化不均匀，更容易产生剥离。

7.2.2.12　法兰密封面梯形槽槽底圆角处裂纹

早期反应器破坏事例中，不少报导涉及主法兰梯形槽法兰裂纹，裂纹均发生在梯形槽底圆角处，严重的可以深入母材。在用加氢反应器的定期检验中也经常会发现此类裂纹。其原因为堆焊层 σ 相脆化、不锈钢母材氢脆以及槽底局部应力集中的联合作用。加大槽底圆角可避免这种裂纹的产生，但是长期运行的反应器仍有开裂的危险。

本章 7.2.2.1 ~ 7.2.2.10 节所述的加氢反应器失效机理是 API 571 中阐述的加氢反应器可能存在的失效机理。由于在设计和制造过程中都会采取相应的对策以避免材料失效，因此，在加氢反应器的定期检验中这些失效机理并不都会遇到，有些即使发生了，常规的检测方法也无法确定。但是，本章 7.2.2.11 节和 7.2.2.12 节给出的失效模式在定期检验中却常常遇到，从失效机理看它们是 7.2.2.1 ~ 7.2.2.10 节所述的加氢反应器失效机理的组合表现。在实际检验中这两种失效模式是检查的重点，所以单独列出。

7.2.3 加氢反应器的目视检测

压力容器的定期检验应根据容器的失效模式制定检验方案，同样，加氢反应器定期检验中的目视检测也应该根据加氢反应器的失效模式来制定目视检测工艺规程。

7.2.3.1 冷壁加氢反应器的目视检测

对于冷壁加氢反应器，由于内部衬里的隔热作用，壁温一般在250℃以下。如果隔热层不损坏，反应器壳体不超温，则前文所述的失效模式基本都不存在。因此，冷壁加氢反应器的目视检测重点是隔热层有无损坏，亦即有无局部超温。除此以外，可以说冷壁加氢反应器的目视检测与普通压力容器的目视检测没有什么大的区别。冷壁加氢反应器的目视检测的重点有以下三个方面。

（1）冷壁加氢反应器的目视检测首先应检查衬里隔热层是否完好。如发现隔热层有破损或不能保证其完好，则筒体有可能已承受高温，因此要对隔热层破损部位对应的壳体进行重点检查。

（2）检查壳体有无局部超温的迹象。

（3）检查所有接管有无泄漏和超温的迹象。

7.2.3.2 热壁加氢反应器的目视检测

无论是加氢处理、加氢精制还是加氢裂化装置，其所使用的热壁加氢反应器的结构形式都相同，失效模式也完全一致。在本章7.2.2节阐述加氢反应器12种失效模式的目的就是为了针对这些失效模式找出加氢反应器的目视检测重点。

对于图7-4中加氢装置失效模式中，由于设计和制造一般采用347奥氏体不锈钢在反应器内壁堆焊，所以在热壁加氢反应器中硫化和高温 H_2/H_2S 腐蚀是可以避免的。高温氢损伤、回火脆化以及脆化断裂这三种失效模式在实际检验时无法靠目视检测发现。氢致开裂、连多硫酸应力腐蚀开裂、σ 相脆化、氯化物应力腐蚀开裂、再热开裂以及法兰密封面梯形槽槽底圆角处裂纹这6个失效模式的表现形式都是开裂。奥氏体不锈钢堆焊层的鼓包和剥离这一机理的表现形式是鼓包。因此，加氢反应器目视检测的特点主要是对裂纹和鼓包的检测。

（1）对于加氢反应器而言，347奥氏体不锈钢堆焊层非常重要，它的表面会产生腐蚀、龟裂、鼓包以及机械损伤等缺陷，其中鼓包在定期检验中经常发现。图7-8是带极堆焊的照片，在进行堆焊层目视检测前，一定要对焊道逐层编号，并作好标记，检查每一条标记的焊道。图7-9是某加氢反应器的目视检测记录图。应该注意，在检查时辅助照明一定要正面照射和平行照射结合，这样才能有效地检出表面的裂纹，凹坑和鼓包等缺陷。

图7-8　加氢反应器中带极堆焊的照片

对应力集中部位、高应力区如凸台支撑圈、热电偶接管处及其附近用5~10倍放大镜检查是否有裂纹。目视检测中可能会发现制造中留下的咬边、未填满等焊接缺陷，目视检测还应注意观察堆焊层上的返修部位，这些部位都是检测的重点。

如果目视检测发现裂纹，即对裂纹尺寸及形貌进行详细记录，并应考虑对裂纹部位的金相检验，同时考虑扩大堆焊层的渗透（PT）检测比例。如果发现鼓包，应对鼓包的大小进行测量，记录鼓包的位置，并应对相应位置进行剥离检测。

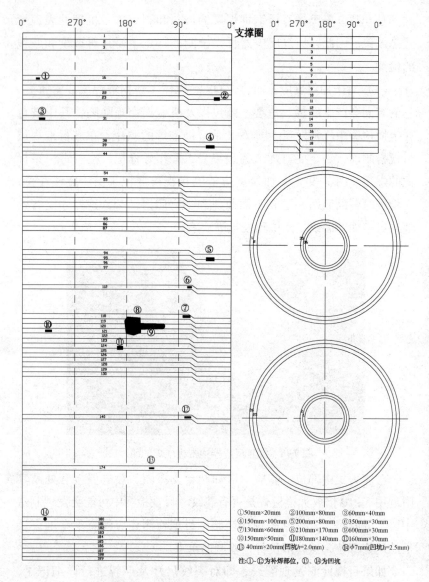

①50mm×20mm ②100mm×80mm ③60mm×40mm
④150mm×100mm ⑤200mm×80mm ⑥350mm×30mm
⑦130mm×60mm ⑧210mm×170mm ⑨600mm×30mm
⑩150mm×50mm ⑪180mm×140mm ⑫160mm×30mm
⑬ 40mm×20mm(凹坑h=2.0mm) ⑭φ7mm(凹坑h=2.5mm)

注:①-⑫为补焊部位,⑬、⑭为凹坑

图7-9　某加氢反应器的目视检测记录图

（2）在加氢反应器的定期检验中，凡拆除保温的外壁（包括对接焊缝和母材）都必须进行仔细的目视检测，且主要检查裂纹。

如果目视检测中发现裂纹，应考虑对焊缝接接头的焊肉、热影响区和母材增加硬度检测。同时增加母材的磁粉（MT）检测。

（3）所有外部接管上的覆盖物都应当拆除，对接管、接管角焊缝及其周围均应仔细地检查，如发现裂纹应考虑后续的表面检测、硬度测定和金相检验。

（4）法兰密封槽应使用5~10倍放大镜仔细检查，观察有无裂纹。如果发现裂纹应对法兰密封槽进行全面的渗透（PT）检测。

（5）高压螺栓应逐个检查，检查有无裂纹、变形和齿面损坏。

7.3 液化石油气储罐的目视检测

液化石油气（Liquefied Petroleum Gas，LPG）储罐是比较常见的压力容器，几乎每一个检验机构都会遇到液化石油气储罐的检验。在压力容器中，液化石油气储罐很普通，也很典型，是每一个压力容器检验员必须掌握的基本容器类型，在检验员的教材举例和考题中也经常出现。液化石油气储罐几乎没有什么内件，工艺用途单一，仅用来储存液化石油气。在TSG R0004—2009《固定式压力容器安全技术监察规程》（以下简称《容规》）中液化石油气是单独规定的一类介质。

液化石油气储罐的检验过程包含了几乎所有压力容器的检验内容，描述起来却比较简单。它经常独立使用，用户往往要求检验员对其所有附件进行检验，因此它的检验又比较全面。

7.3.1 液化石油气储罐的使用特点及失效模式

液化石油气储罐是用来储存液化石油气的，液化石油气曾经是使用最为广泛的民用燃料。现在大型城市的民用燃料大多被天然气取代，但是在许多中小城市与广大农村，液化石油气却越来越多地成为主要民用燃料。生产液化石油气的工厂主要使用球型储罐储存液化石油气，而在液化石油气充装站中则以卧式储罐为主。

本节主要介绍卧式储罐的目视检测，图7-10是卧式液化石油气储罐的示意图，图 7-11 是未安装的卧式液化石油气储罐的照片，图 7-12 是充装站在用卧式液化石油气储罐的照片。

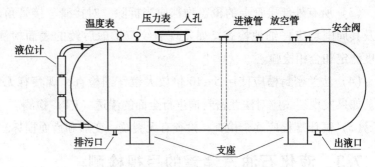

图 7-10　卧式液化石油气储罐示意图

图 7-11　未安装的卧式液化石油气储罐照片

图 7-12　充装站内在用卧式液化石油气储罐照片

7.3.1.1　液化石油气储罐的使用特点

液化石油气为无色气体或黄棕色油状液体，有特殊的臭味。其主要组分为丙烷、丙烯、丁烷、丁烯（可以是一种或几种烃的混合物），并含有少量戊烷、戊烯和微量硫化物杂质。因其来源不同，其中的硫化物含量不同，有高有低，对储罐有直接危害的是硫化氢。近年来，随着液化石油气生产工艺的改进，提高了液化石油气的质量，因其中的硫化氢造成的储罐损伤现象也越来越少。液化石油气本身对储罐材料无腐蚀，无损害。但是在液化石油气中不可避免地总是含有极少量的水，这其中所含的水对储罐的材料有一定的损害，尤其是同时含有水和硫化氢时，会对储罐造成应力腐蚀。

通常液化石油气储罐的设计温度为 50℃，设计压力为 1.8MPa。实际的运行压力都不会很高，这是由液化石油气所处的环境温度决定的。储罐的设计压力是参考液化石油气在 50℃ 时的饱和蒸气压制定的，这在《容规》的第 3.9.3 节中有明确规定。表 7-3 中给出了液化石油气各组分在不同温度下的饱和蒸气压。

表7-3　不同温度下液化石油气各种组分的饱和蒸气压　　MPa

温度/℃	丙烷	丙烯	正丁烷	异丁烷	1-丁烯	顺式-2-丁烯	反式-2-丁烯	异丁烯
-20	0.232	0.302	0.045	0.069	0.056			0.062
-15	0.253	0.355	0.055	0.086	0.609	0.045	0.051	0.072
-10	0.332	0.415	0.067	0.105	0.084	0.056	0.064	0.087
-5	0.391	0.486	0.082	0.126	0.103	0.070	0.077	0.106
0	0.457	0.564	0.100	0.150	0.125	0.085	0.095	0.128
5	0.533	0.562	0.121	0.179	0.149	0.103	0.115	0.152
10	0.617	0.750	0.143	0.211	0.179	0.124	0.137	0.181
15	0.711	0.857	0.171	0.247	0.211	0.148	0.163	0.213
20	0.817	0.973	0.201	0.288	0.247	0.176	0.193	0.256
25	0.933	1.11	0.235	0.335	0.289	0.207	0.227	0.291
30	1.06	1.26	0.275	0.387	0.336	0.242	0.265	0.338
35	1.20	1.42	0.318	0.433	0.388	0.282	0.307	0.391
40	1.36	1.59	0.367	0.503	0.447	0.327	0.335	0.449
45	1.52	1.78	0.421	0.579	0.512	0.376	0.408	0.514
50	1.71	1.99	0.481	0.656	0.583	0.431	0.466	0.587

液化石油气具有热胀冷缩的性质，受热会膨胀，温度越高，膨胀量越大。膨胀的程度用体积膨胀系数来表示。液体温度由 t_1 变为 t_2 时液体的体积变化用下式计算。

$$V_2 = V_1 \left[1 + \alpha \left(t_2 - t_1 \right) \right] \tag{7-3}$$

式中　V_1——液体在温度 t_1 时的体积，m^3；

　　　V_2——液体在温度 t_2 时的体积，m^3；

　　　α——液体温度由 $t_1 \sim t_2$ 时的平均体积膨胀系数，$1/℃$。

储存状态的液化石油气是液体，所以其体积随温度的变化同样可用式（7-3）计算，液化石油气组分及水的体积膨胀系数见表7-4。

表7-4　液化石油气组分及水的体积膨胀系数

温度/℃	丙烷	丙烯	正丁烷	异丁烷	1-丁烯	水
0~10	0.00265	0.00283	0.00181	0.00233	0.00198	0.0000299
10~20	0.00258	0.00313	0.00237	0.00171	0.00206	0.00014
20~30	0.00352	0.00329	0.00173	0.00297	0.00214	0.00026
30~40	0.00340	0.00354	0.00227	0.00217	0.00227	0.00035
40~50	0.00422	0.00389	0.00222	0.00266	0.00244	0.00042

由表7-4可知，液化石油气液体的体积膨胀系数比水大十几倍，且随温度的升高而增大，因此，液化石油气在充装作业中必须限制充装量。

液化石油气储罐就是用来储存液化石油气的，通常的操作是进料和出料。根据多年的检验经验和液化石油气充装站的使用经验，超装和泄漏是造成液化石油气储罐事故的最大因素。另外液化石油气的质量对储罐的影响是不容忽视的，含水及含硫高都会对储罐造成损伤。

液化石油气储罐的安全管理水平参差不齐是其使用特点之一，因此在对液化石油气储罐的检验中，保证储罐安全运行的安全附件是检验的重点。

7.3.1.2　液化石油气储罐的失效模式

相对于其他化工容器来说，液化石油气储罐的失效模式比较简单，最主要的是湿硫化氢应力腐蚀开裂。但是考虑到液化石油气充装站管理水平因素，非损伤类的失效原因检验机构也必须考虑。

（1）湿 H_2S 损伤（鼓包、氢诱导开裂、应力导向的氢诱导开裂、硫化物应力腐蚀开裂）

① 湿 H_2S 环境的损伤模式　液化石油气储罐的建造材料主要为碳钢和低合金钢，根据 API 571《炼油厂固定设备的损伤机理》，在湿 H_2S 环境中主要有以下 4 种损伤类型。

a. 氢鼓包　氢鼓包在容器的壁厚内产生，在内表面和外表面上以表面凸起的形式出现。金属表面硫化物（主要为硫化氢）腐蚀产生的氢原子扩散进入金属材料内部，在其不连续处如夹杂物或夹层结构积聚，氢原子结合生成氢分子，很难扩散出去，造成压力升高，局部发生变形，形成鼓包。鼓包是由于腐蚀产生的氢引起的，不是工艺过程中产生的氢气。图 7-13 是氢鼓包照片。

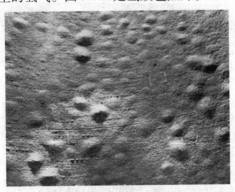

图 7-13　容器表面的大量氢鼓包

b. 氢诱导开裂（HIC）　氢鼓包可以在距钢板表面不同的深度处形成，可以在钢板中间或者是靠近焊缝处。在一些情况下，深度（平面）稍微不同的靠近或相临的鼓包会连接在一起形成裂纹。在鼓包之间的内部连接裂纹通常有一个台阶状的形貌，因此氢诱导开裂有时也被称为阶梯状开裂。图7-14是氢鼓包和氢诱导开裂的原理示图。图7-15和图7-16是氢诱导开裂裂纹的高倍显微照片，从照片中可清楚地看到裂纹的阶梯形状。

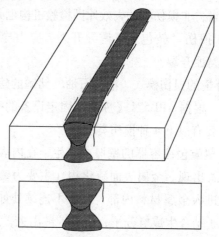

图7-14　氢鼓包和氢诱导开裂损伤的示图

图7-15　氢诱导开裂裂纹的高倍显微照片

图7-16　氢诱导开裂裂纹的阶梯状高倍显微照片

c. 应力导向的氢诱导开裂（SOHIC） 应力导向的氢诱导开裂和氢诱导开裂相近，是一种潜在危害更大的开裂，表现为相互堆叠的裂纹群。在高水平的应力（残余应力或载荷应力）驱动下，最终形成一条垂直于表面并穿过整个设备壁厚的裂纹。这种开裂通常在靠近焊缝热影响区的基体金属上发生，是由氢诱导开裂的开裂、其他裂纹或缺陷引发的，包括硫化物应力腐蚀裂纹。图7-17和图7-18是应力导向的氢诱导开裂的原理示图，这种开裂通常是硫化物应力腐蚀开裂和应力导向的氢诱导开裂的联合作用，图7-19是应力导向的氢诱导开裂照片。

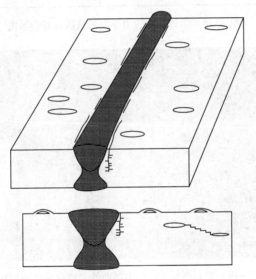

图 7-17 焊缝氢鼓包伴随应力导向的氢诱导开裂示图

d. 硫化物应力腐蚀开裂（SSC） 硫化物应力腐蚀开裂是金属在湿硫化氢环境下由拉应力和腐蚀共同作用造成的开裂。是由于金属吸收表面硫化物腐蚀产生的原子氢导致的氢致应力开裂形式。

硫化物应力腐蚀开裂在钢表面焊缝和热影响区的高硬度区域发生。高硬度区可能存在于焊缝表面及附件的焊缝，这些部位没有经历后续焊接产生的回火（软化）效果。焊后热处理对于降低硬

— 191 —

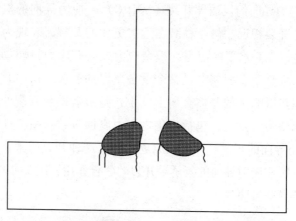

图 7-18　角焊缝的应力导向的氢诱导开裂示图

图 7-19　荧光磁粉下的应力导向的氢诱导开裂裂纹照片

度和残余应力并同时降低硫化物应力腐蚀开裂的敏感性是有利的。高强度钢对硫化物应力腐蚀开裂敏感，一些大容积的液化石油气球罐多用高强钢 CF62 制造，如果对其焊接接头的焊后热处理不理想，容易在焊接接头部位产生高硬度区。图 7-20 和图 7-21 分别是焊缝硬度高和热影响区硬度高两种情形的硫化物应力腐蚀开裂示图。

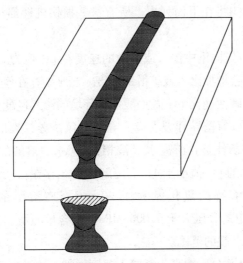

图7-20　焊缝硬度高时的硫化物应力腐蚀开裂示图

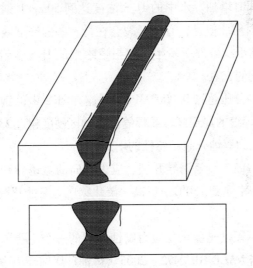

图7-21　热影响区硬度高时的硫化物应力腐蚀开裂示图

② 湿 H_2S 损伤的影响因素分析　环境条件（pH 值、H_2S 含量、杂质、温度）、材料性能（硬度、微观结构、强度）和拉伸应力水平（载荷应力或残余应力）构成了硫化物应力腐蚀开裂的三个要素。

这些因素的影响将在下面列出。所有这些损伤机理都与钢中氢的吸收和渗入有关。

a. pH 值　氢向钢中渗入或扩散的速度在 pH 值为 7 时最小，pH 升高或降低都会增加渗入或扩散的速度。当水中存在氰化氢（HCN）时会明显增加碱性（高 pH 值）酸性水环境的渗入速度。

促进鼓包、氢诱导开裂、应力导向的氢诱导开裂以及硫化物应力腐蚀开裂的条件是含游离水（液相）：ⓐ水中溶解的 w（H_2S）> 50mg/L；ⓑ水的 pH 值小于 4，有溶解的 H_2S 存在；ⓒ水的 pH 值大于 7.6，水中溶解的氰化氢大于 20mg/L，有溶解的 H_2S 存在；ⓓH_2S 在气相中的分压大于 0.0003MPa。氨含量的增加会使 pH 值提高到容易发生开裂的范围。

b. H_2S　H_2S 分压增高，氢渗入速度增加，这是由于水中的溶解的 H_2S 浓度同时增加。水中的 H_2S 浓度达到 50mg/L 通常被认为会造成湿 H_2S 损伤。但是，有时开裂会在低一些的浓度或在湿 H_2S 没有正常参与的干扰条件下发生。有报道水中的 H_2S 含量只有 1mg/L 也足以导致钢的充氢。

当 H_2S 的分压超过 0.0003MPa、暴露在 H_2S 中的钢的拉应力超过 620MPa、焊缝的局部区域或焊缝热影响区硬度超过 237HB 时都会造成硫化物应力腐蚀开裂敏感性的增加。

c. 温度　鼓包、氢诱导开裂、应力导向的氢诱导开裂损伤发生的温度范围为室温到 150℃ 或更高。硫化物应力腐蚀开裂通常发生在 82℃ 以下。

d. 硬度　硬度是硫化物应力腐蚀开裂的一个主要因素。低强度碳钢应当根据 NACE RP 0472—2005《炼油厂腐蚀环境中碳钢焊缝环境开裂的预防及控制》控制焊缝硬度小于 200HB。这些材料通常对硫化物应力腐蚀开裂不敏感，除非局部区域的硬度超过 237HB。鼓包、氢诱导开裂和应力导向的氢诱导开裂损伤与钢的硬度无关。

e. 钢材的纯净度　鼓包和氢诱导开裂受夹杂物和夹层结构的影

响很大，它们提供了扩散氢积聚的场所。钢的化学成分和制造方法也会影响敏感性，可以按照 NACE X194—2006《湿 H_2S 环境新压力容器的材料与制造》生产氢诱导开裂耐蚀钢。提高钢材的纯净度和采用降低鼓包和氢诱导开裂损伤的工艺，不会使钢材应力导向的氢诱导开裂敏感性完全消失。

目视检测没有发现鼓包不代表没有 H_2S 损伤，实际可能存在表面下的应力导向的氢诱导开裂损伤。氢诱导开裂经常在被称为"脏"的钢铁中发现，这些钢在冶炼过程中存在大量夹杂物或其他内部不连续部位。

f. 焊后热处理　鼓包和氢诱导开裂损伤的发展不需要外加或残余应力，因此焊后热处理不会阻止它们发生。高局部应力或凹口状的不连续如窄的硫化物应力腐蚀开裂会成为应力导向的氢诱导开裂的开始部位。焊后热处理可以降低硬度和残余应力，对于防止或消除硫化物应力腐蚀开裂是十分有效的。应力导向的氢诱导开裂由局部应力驱动，焊后热处理在一定程度上可以降低应力导向的氢诱导开裂损伤。

③ 损伤的形貌　氢鼓包表现为钢内表面或外表面上的凸起，可以在壳体或容器封头等部位发现。鼓包在管线上很少发生，在焊缝的中间也极少发生。氢诱导开裂损伤可能在鼓包或存在夹层结构的部位发生。

对于压力容器，应力导向的氢诱导开裂和硫化物应力腐蚀开裂损伤通常与焊缝有关。硫化物应力腐蚀开裂在容器或高强度钢部件的高硬度区也会发生。

④ 防护与缓解　可以在金属表面涂覆防止在湿 H_2S 环境中发生损伤的有效防护层，如合金涂料和其他涂层。

影响水的 pH 值、氨或氰化物浓度的工艺变化会帮助减少损伤。通常利用冲洗水来稀释氢化氰的浓度，如在流化催化裂化（FCC）气体装置。氰化物可以通过注入稀释的多硫化铵转化为无害的硫氰酸盐，但注入设备需要认真设计。

使用抗氢诱导开裂钢可以降低鼓包和氢诱导开裂损伤的敏感性。从 NACE X194—2006《湿 H_2S 环境新压力容器的材料与制造》可以找到详细的材料和制造指南。

限制焊缝和热影响区的硬度小于 200HB 可防护硫化物应力腐蚀开裂，降低焊缝和热影响区的硬度可通过焊前预热、焊后热处理、合理的焊接步骤以及控制碳当量来实现。根据操作环境，小区域的硬度达到 22HRC 即可以耐硫化物应力腐蚀开裂。

焊后热处理可以降低应力导向的氢诱导开裂的敏感性。焊后热处理对于防止鼓包和氢诱导开裂损伤起始的作用不大，但可有效降低会促进裂纹扩展的残余应力和强度。还可以使用特殊的缓蚀剂。

在工程实际中，有些液化石油气储罐采用金属涂覆的方法防止湿 H_2S 损伤，效果并不好。在检维修中大量用户对发生硫化物应力腐蚀开裂的液化石油气储罐采用打磨+补焊的方法进行修理，效果很差，使用一个周期后都会发现新的开裂。但采用仅打磨而不补焊的方法效果要好得多，因为通过打磨，在消除裂纹的同时也消除了淬硬区和高残余应力区，减小了继续发生硫化物应力腐蚀开裂的敏感性。若再采用补焊会带来新的淬硬组织和残余应力，反而提高了发生硫化物应力腐蚀开裂的敏感性。如果储罐硫化物应力腐蚀开裂现象非常严重，除了在今后的运行过程要控制液化石油气质量外，还要考虑对储罐做整体热处理。

（2）泄漏

泄漏是造成液化石油气储罐重大安全事故的最主要的原因，最典型的是 1998 年西安市煤气公司液化气管理所储罐区发生的因液化气泄漏而引发的恶性火灾爆炸事故，其间共发生 4 次爆炸。这次恶性爆炸事故造成 12 人死亡，其中消防官兵 7 名，罐区工作人员 5 名；33 人严重烧伤，其中消防官兵 10 余名。炸毁 $400m^3$ 球罐 2 个，$100m^3$ 卧式储罐 4 个，烧毁气罐车 10 余辆，经济损失惨重。近年还有这类事故的发生。

泄漏主要表现为法兰密封面泄漏、阀门及管道泄漏、本体泄漏等三种类型。其中法兰密封面的泄漏是最常见的。前述西安"3·5"事故就属于法兰密封面泄漏引起的事故。为此 TSG R0004—2009《固定式压力容器安全技术监察规程》（以下简称"容规"）第3.17节中特别规定："盛装液化石油气、毒性程度为极度和高度危害介质以及强渗透性中度危害介质的压力容器，其管法兰应当按照行业标准 HG/T 20592~20635 系列标准的规定，至少应用高颈对焊法兰、带加强环的金属缠绕垫片和专用级高强度螺栓组合。"

阀门及管道的泄漏也比较常见，为此要求安装在液化石油气储罐上的第一道阀门必须是截止阀，且阀门出口向外。这样一旦发生阀门及管道的泄漏，阀门仍然能够关死，方便事故的处理。储罐本体的泄漏现象极少，早年有因储罐质量低劣出现的接管角焊缝的泄漏事故。在我国西部发生过一起因储罐质量和液化石油气质量都很差造成的主体焊缝开裂泄漏事故。

（3）超装

超装是液化石油气储罐最忌讳的误操作之一。液化石油气的体积膨胀量是水的 10 倍以上，且随温度的升高而增大，因此，液化石油气在充装作业中必须限制充装量。《容规》第3.13节中规定："储存液化气体的压力容器应当规定设计储存量，装量系数不得大于0.95。"一旦液化石油气储罐超装，储罐内没有足够的气相空间，储罐内介质温度升高，就有可能酿成严重的事故。液化石油气储罐必须装设明显可靠的液位显示装置。

（4）外部腐蚀

液化石油气储罐的外部腐蚀主要有两种，一种是大气腐蚀，另一种是保温层下腐蚀。

大气腐蚀是潮湿环境中发生的腐蚀形式，在沿海和工业环境气氛中尤其明显。其表现形式主要是生锈和腐蚀减薄。液化石油气储罐表面涂装损坏时大气腐蚀会比较严重。

现在的液化石油气储罐大多没有保温，但还是有很多液化石油气储罐仍然使用保温。保温层下腐蚀（CUI）是由于水进入保温层内导致的容器、接管和结构件的腐蚀。在多雨地区保温层发生破损时保温层下腐蚀会比较严重，最容易发生保温层下腐蚀的是在出料口部位的接管附件。

（5）基础损坏

液化石油气储罐的基础也是储罐的重要组成部分，它对储罐的安全具有重要作用。液化石油气储罐的基础可能会出现下沉、倾斜和开裂等缺陷，这些缺陷都会对储罐的安全有效运行产生一定的影响。下沉和倾斜会在罐体上引起附加应力。

7.3.2　液化石油气储罐的目视检测

7.3.2.1　储罐外表面的目视检测

储罐外表面如果没有保温层或保温层在检验前已拆除，则应对储罐的外表面进行全面的目视观察，观察项目主要有以下几个方面：

（1）观察储罐表面油漆层有无破损、脱落等；

（2）观察储罐底部和气液交界处外表面有无鼓包；

（3）观察表面有无外部锈蚀现象，对于接管根部应重点检查，尤其是出料口接管根部及其附近；

（4）观察表面有无机械损伤、弧坑等。

如果有保温层且保温层未拆除，则主要观察保温层的完好情况。出料口接管部位一定要拆除部分保温，检查有无锈蚀。如果出料口附件发现有必须处理的锈蚀，则应拆除全部接管附近的保温层。如果在其他接管部位发现锈蚀或鼓包则应拆除全部保温层进行检测，并观察上面所列的所有项目。

对于检测中发现的严重锈蚀部位应在示意图中详细记录其位置和面积，并应实施超声波测厚。对于检测中发现的鼓包应在示意图中详细记录其位置，并采用超声波检测。

7.3.2.2 储罐内部目视检测

液化石油气储罐的检验一定要进行内部目视检测，液化石油气储罐内部目视检测的观察项目主要有以下几个方面。

（1）观察储罐底部和气液交界处外表面有无鼓包，在检查鼓包时，辅助照明一定要采用平行照射方法；

（2）用5~10倍放大镜检查对接焊缝表面及热影响区、角焊缝表面与热影响区有无裂纹、咬边、弧坑、未填满缺陷；

（3）观察表面有无重锈及蚀坑；

（4）观察表面有无机械损伤、弧坑等。

7.3.2.3 接管与法兰及密封面目视检测

（1）用5~10倍放大镜检查接管内、外部角焊缝与热影响区表面有无裂纹、咬边、弧坑、未填满缺陷；

（2）检查接管有无变形；

（3）用灯光法或内窥镜观察接管内部的腐蚀和污垢情况；

（4）观察法兰有无变形，用靠尺检查法兰面是否平整，法兰密封面有无损伤；

（5）接管法兰的组合是否满足《容规》的要求；

（6）检查人孔补强圈的信号孔是否有漏液及漏气痕迹；

（7）检查储罐排污口是否处于储罐的最低点，罐内有无突出的接管阻碍排污，排污阀能否可靠开启和关闭。

7.3.2.4 基础与支承的目视检测

（1）观察基础有无下沉、倾斜；

（2）观察基础有无严重的开裂；

（3）观察储罐支座有无变形，支座焊缝有无开裂；

（4）观察支座与基础的固定螺栓是否齐全、完好，滑动支座有无阻滞、锈蚀等影响其自由滑动的缺陷。

7.3.2.5 安全附件检查

（1）观察储罐是否装设压力表、温度计，压力表与温度计的量程范围是否合理，压力表、流量计是否在检定有效期内；

（2）观察储罐是否装设液位计，液位计能否准确地显示实际液位，液位计上有无标示最大充装液位；

（3）观察储罐是否按《容规》要求装设安全阀，安全阀是否按规定进行了校验。

7.4　气化炉的目视检测

7.4.1　气化炉概述

我国是一个油气资源相对贫乏而煤炭资源相对丰富的国家，煤储量大，分布广，且开采量大，供过于求，价格便宜，在一次能源消费中占70%以上。而石油、天然气、水电及核电等在一次能源消费中的比例不足30%。从我国能源战略安全和国家经济利益出发，国家规划中明确提出"必须下大力气调整能源结构，从各个方面采取措施节约石油消耗，大力发展洁净煤气化技术。"

为了提高燃煤电厂热效率，减少环境污染，国外对煤气化联合循环发电技术进行了大量的研究，促进了煤气化技术的发展。目前已成功地开发出对煤种适应性广、气化压力高、生产能力大、气化效率高、污染少的新一代煤气化工艺。其主要代表有荷兰壳牌（Shell）公司的粉煤气化工艺、德国克鲁伯-考柏斯（Krupp-Koppers）公司的（Prenflo）工艺、美国德士古（Texaco）和Destec公司的水煤浆气化工艺以及德国黑水泵公司的（GSP）工艺等。图7-22是某煤气化装置的照片，图7-23是典型的Shell煤气化单元工艺流程图。

图7-22　某煤气化装置照片

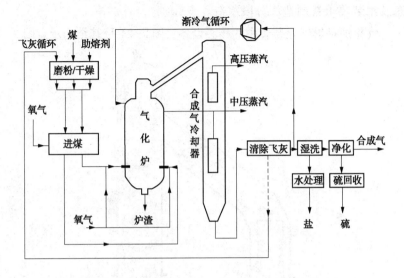

图 7-23　典型的 Shell 煤气化单元工艺流程图

采用壳牌粉煤气化技术，原料使用干煤粉，用高压氮气输送入气化炉，煤粉与氧气燃烧产生高温，发生水煤气反应，生产出粗合成气（以 H_2+CO 为主），经过冷却器回收热量，在高温高压飞灰过滤器中过滤粗合成气中的飞灰，经水洗涤后送下游作为合成氨部分的粗原料气。

某公司壳牌粉煤气化装置的关键设备气化炉及其合成气冷却器（废热锅炉）采用壳牌公司的专有技术。由壳牌公司分部德国 SEG 公司承担设计，内件由西班牙 BBE 公司（壳牌公司指定）供货；承压炉体的基础设计由 SEG 完成，中国石化兰州设计院承担承压炉体的详细设计，国内制造厂完成承压炉体的制造和内件组装，承压外壳在制造厂按内件的交货状态及组装要求分段制造，即气化炉壳体、合成气冷却器壳体、输气段壳体、渣池、气化段中压蒸发器（E1320）、急冷段中压蒸发器（E1301）、输气段中压蒸发器（E1302）、合成气冷却段中压蒸发器（E1303A～D）、合成气冷却段中压过热器（E1306）、烧嘴和恒力吊等组件按内件的交货状态及组装要求在制造厂分段制造。

气化炉是煤气化装置中的核心设备，图 7-24 是其结构示意图。

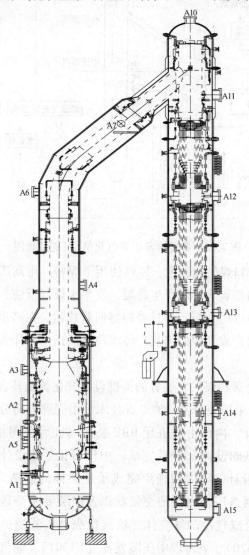

图 7-24　气化炉结构示意图
A1~A15—人孔

按主要部件功能气化炉可分为气化段、急冷段、输气管段、气体反回段、合成气冷却段以及辅助设备（敲击器、烧嘴、监视器和恒力吊等）。

（1）气化反应区

气化炉反应器（图7-25）膜壁为翅片管构造的冷却圆筒式结构。翅片管材质为13CrMo44，外径为38mm，壁厚为7.1mm。该圆筒形结构的上部有一个锥体通往激冷区，下部也连着一个锥体作为燃烧室的底部。锥体内有中心开孔，供熔渣下落通过。筒体下半部均匀分布4个烧嘴口，各烧嘴口设有冷却保护器。

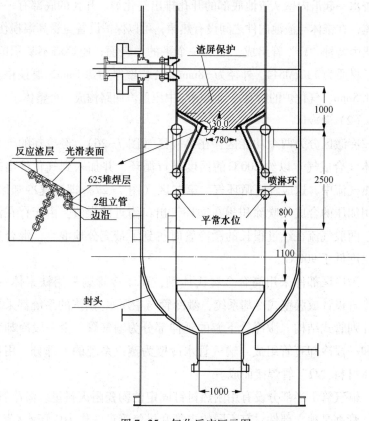

图7-25 气化反应区示图

气化炉按流态排渣炉的原理进行操作。为了确保流态排渣，气化炉内腔有一层用高耐热钢衬钉固定的导热陶瓷耐火衬里。衬钉材质为 $25Cr_2ONi$，布置密度 2500 个/m^2。陶瓷耐火衬里厚度为 14mm，其成分为：Al_2O_3 18%、SiO_2 3%、Fe_2O_3 0.2%、SiC 74%，导热系数为 3.85W/（m·K）（500℃），最大使用温度为 1400℃。

在气化炉运行过程中，由于陶瓷材料良好的耐温性及冷却膜壁的作用，在气化炉内壁会形成一定厚度的覆盖内腔表面的渣层，使内腔表面变得坚硬（称为挂渣）。此渣层较薄，能保护气化炉内壁免受熔渣侵蚀，熔渣是在气化过程中形成，大部分平均粒度约为 1mm，熔渣同渣水一起沿内壁从渣池底部的开孔排出气化炉。开孔的底部有一个锥体，在锥体与渣池内件之间设有热裙，可以保护设备免受高温损伤。热裙由特种"Ω"管组成，形成一个平的内表面，使熔渣不易积留。管子材质为 13CrMo44，外径为 38mm，公称壁厚为 7.1mm，腐蚀裕度为 4.5mm。气化炉的所有冷却结构与中压蒸汽回路构成一个整体。

（2）激冷区

冷激区分为两个功能区。在第一区（图 7-26），经冷却的干净气体（合成气）以约 200℃ 的温度进行循环，并加入到气化炉出来的热气流中，这股气叫循环气。第二区（图 7-27）即高速冷却区，是用加压的合成气吹除积累在循环气出口附近的煤渣。由于存在湍流，两股气流在经过很长的激冷管时得到了最充分地混合，混合后的温度低于 900℃。

激冷区部件采用高合金奥氏体钢，而激冷管则采用铁素体钢。激冷管设计成膜壁式冷却系统，激冷管与中压水/蒸汽的系统都采用翅片列管式结构。激冷管下游的延伸部分为输气管，由一段冷却弯管和一段冷却直管组成。输气管水冷壁为蒸汽系统的一部分，用铁素体材料"Ω"管焊接而成。

输气管下半部分设有用耐热衬钉固定的陶瓷耐火衬里。激冷管、输气管都是独立部件，有不同的进气和排气管道，作为中压水/蒸汽

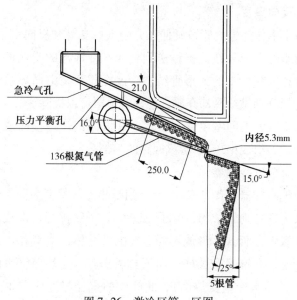

图 7-26　激冷区第一区图

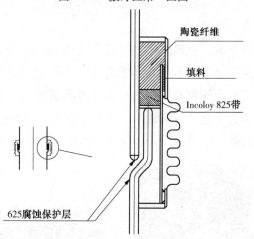

图 7-27　激冷区第二区图

系统气体两个部分之间的连接结构，既要求对流不能进入壳体内，又必须保证热膨胀的伸缩要求。因此，它们之间的连接采用带膨胀节密封的连接装置。

（3）反向室

反向室由作为输气管道延伸部分的入口支管和反向室主管组成，进入反向室的合成气在此被输送到合成气冷却器的受热面上。反向室顶罩设计成带冷却的蛇形管结构，该冷却系统由循环系统的进料管和出料管分别供给冷却介质，检修时顶罩可以拆除。

入口支管、返向室主管和顶罩由铁素体钢管焊接而成，结构为翅片列管式，组成中压水/蒸汽回路的一部分。

（4）合成气冷却器

合成气冷却器（图7-28）所有的受热面基本上为同一结构。受热面管束为翅片列管结构，管子-翅片-管子紧排焊接形成膜壁，膜壁内的水管为盘管式，形成不同直径的圆柱体，嵌套在一起，由支撑结构固定，允许每个圆柱体向下自由膨胀。受热面管束由外部圆柱体环绕（即水冷壁受热面），此筒体的直径与返回室主管直径相同，水冷壁受热面一直延伸到合成气冷却器的整个长度，与返回室以搭接接头进行连接。

从顶部往下看，受热面管束（图7-29）包括如下部分：中压过热器、中压蒸发器Ⅱ以及中压蒸发器Ⅰ。中压过热器管束为整体翅片管式，由高合金钢制成，两台中压蒸发器管束和环绕壁受热面由铁素体钢制成，为翅片管式结构。所有管束有各自的水/蒸汽回路及各自的连接管线。

图7-28　合成气冷却器照片　　　　图7-29　受热面管束照片

（5）气化炉壳体

气化炉、输气管、反向室和合成气冷却器的壳体，均采用低合金钢SA387Gr.11CL.2制造。由于低于露点温度可能会引起低温腐蚀，如所有人孔、接管和其他非受热连接处、受渣池影响的气化炉壳体温度较低的区域，均有金属堆焊层。该系统有15个人孔，266个管口，85%的管口堆焊高镍合金，以避免高温对铁素体的腐蚀。

壳体内壁有一层耐火衬里，主要作用是保护容器在出现不可预见的热对流时免受局部温度提高的影响，厚度为40mm，采用六角形格栅结构（俗称龟甲网）固定，其组成为：Al_2O_3 39%，SiO_2 49%，Fe_2O_3 2%，最高使用温度为1300℃，导热系数为0.56W/（m·K）（600℃）。

壳牌粉煤气化工艺是将煤在一定温度压力下，用气化剂对煤进行热化学加工，将煤中的有机质转变为煤气的过程。壳牌煤气化工艺（SCGP）的特点是反应温度高（1400~1700℃），反应速度快，停留时间长（3~10s），能使煤中的有机质得到充分转化。其反应式如下：

$$C+O_2 \Longrightarrow CO_2$$
$$C+CO_2 \Longrightarrow 2CO$$
$$C+H_2O \Longrightarrow CO+H_2$$
$$C+2H_2 \Longrightarrow CH_4$$
$$CO+H_2O \Longrightarrow CO_2+H_2$$
$$CH_4+H_2 \Longrightarrow CO+3H_2$$

壳牌粉煤气化工艺合成气组分见表7-5，其各个部件的服役参数见表7-6。

表7-5　壳牌粉煤气化工艺合成气组分

	组分										
	H_2	CO	CO_2	H_2S	N_2	Ar	H_2O	COS	CH_4	HCl	NH_3	HCN
体积分数/%	25.1	56.5	3.3	1.1	6.2	0.1	7.5	1400 ppm	100 ppm	50 ppm	200 ppm	150 ppm

表 7-6　壳牌气化炉部件服役参数

设备项	温度/℃		压力/MPa		合成气温度/℃	材料	规格/mm
	设计	操作	设计	操作			
气包	278	273	6.0	5.8		16MnR	φ2500×72×17850
气化炉壳体	450	350/380/450	5.2	4.2	≥215	SA387Gr11CL2+304L	φ4640/φ3020/φ1870/φ3400×70/75/80
E-1320	460	271	6.8	7.3	1500	13CrMo44	φ33.8×7.1
E-1301	460	271	6.8	7.3	900	13CrMo44	φ33.8×7.1
E-1302	460	271	6.8	7.3	700	13CrMo44	φ33.8×7.1
E-1303	460	271	6.8	7.3	700	13CrMo44	φ48.3×8
E-1306	500	440	6.1	5.6	700~500	X2NiCrAlTi32-20	φ48.3×8
气化炉锥体	460	271	7.3	6.8		Incoloy 825	φ38×7.1
						SA387Gr11CL2+INCOLOY825	δ70+5
热裙	460	271	7.3	6.8		Incoloy 825	φ38×7.1
渣池						Incoloy 825	φ2960×75+5

7.4.2　气化炉的失效模式及特点

针对性检验的基础是压力容器的失效机理和损伤模式，掌握气化炉的损伤模式及特点，是提高气化炉检验水平的关键，只有全面了解气化炉的失效模式及特点，才能有针对性地制定气化炉的目视检测方案，只有有针对性的目视检测方案才能保证气化炉的检验水平。

对于气化炉，API 571《炼油厂固定设备的损伤机理》中给出的可能存在损伤机理只是有可能存在，但并不是在每一台气化炉中都会发生。

7.4.2.1　气化炉壳体

SA387Gr11CL2 钢制气化炉在操作温度 350℃、压力 4.2MPa 且

充有氮气的条件下长期运行，壳体受温度、开停工热应力的交变作用，容易引起材料的劣化（如球化、蠕变和脆化等），在应力集中的部位更容易引起材料的蠕变疲劳失效。

（1）金属部件在一定的温度和持续应力作用下产生缓慢的蠕变变形，由此导致金属材料微观组织和宏观组织产生不连续（例如蠕变孔洞和蠕变裂纹等），造成材料高温强度下降，这就是蠕变损伤。对于低合金 Cr-Mo 钢来说，影响蠕变损伤的因素较多，主要为金相组织和使用过程中的温度波动。其中温度波动是主要的损伤因素，温度波动主要体现在两个方面，一是实际的温度高于规定温度，将导致钢的热强性降低；二是产生附加热应力造成蠕变加剧。

（2）回火脆化在母材、焊缝热影响区和焊缝金属等部位发生的程度各不相同，其中以焊缝金属的回火脆化状况最为严重。脆化后材料中的微小裂纹缺陷很容易在容器的开、停工过程中发生扩展，导致容器壁中的埋藏缺陷数量明显增加。在大多数情况下，筒体焊缝金属的回火脆化程度比母材严重。主体材质和焊缝的脆化倾向可通过对金属中的微量有害杂质（如元素 Sn、Sb 及 As）进行化学成分分析、母材和主焊缝金相检验、硬度测定等进行综合评定。

（3）容器元件在交变的应力作用下经过较长的时间工作而发生断裂的现象称为疲劳损伤。疲劳断裂时都不产生明显的塑性变形，疲劳断裂是突然发生的，具有很大的危险性。气化炉在启、停时，壳体经受交变应力循环，在使用期间这种反复的应力应变的积累就可能导致疲劳破坏。虽然气化炉壳体的名义应力不高，但是由于某些部位（温差应力）和不连续处存在应力集中或残余应力，导致该处的应力水平超过了材料的屈服极限，从而产生循环应力，导致疲劳失效。如在裙座支腿（支腿与容器壳体存在温差）、渣口锥体和热裙部位连接处等。

（4）气化炉、输气管、反向室和合成气冷却器等压力容器壳体，采用低合金钢 SA387Gr. 11CL. 2 制造，低于露点温度可能引起低温腐蚀的部位，如所有人孔、接管和其他非受热连接处、受渣池影响的气化炉温度较低的区域，均应有金属堆焊层。在气化炉使用过程中，由于堆焊层与母材的热膨胀性能差异较大，正常的设备开、停工过程就会造成堆焊层产生屈服，这种现象在器壁的凸台拐角处尤为突出。因此，过于频繁的升、降温过程就有可能导致堆焊层中出现疲劳裂纹，应采取必要措施加强对堆焊层的检测工作，接管处、人孔拐角处等都是应力集中部位，容易出现堆焊层开裂，应当作为重点进行检查。

（5）壳体保温层下腐蚀应给于重视。由于雨水、蒸汽或者保温层破损等导致水分进入保温层下，在壳体温度较高的情况下，形成保温层下腐蚀环境，可导致壳体产生腐蚀减薄和局部腐蚀坑。

7.4.2.2 气化炉气化区

气化炉的气化区是整个装置温度最高的部位，其温度在 $1500 \sim 1600℃$，气化炉反应器膜壁为翅片管构造的冷却圆筒式结构，翅片管材质为 13CrMo44，外径为 38mm，标准壁厚为 7.1mm，腐蚀裕度为 5.0mm，翅片管构造的水冷壁、来自气包的水（271℃）冷却与中压水蒸气回路构成一个整体。引起气化区水冷壁管损伤的主要因素有水冷壁管中的冷却水和陶瓷耐火衬里。

（1）应严格控制冷却水的品质和流态，使水的品质符合相关规定或企业内部的质量控制指标。水中氧含量超标，将导致水冷壁管的氧腐蚀，腐蚀形态表现为管子内壁出现大小不一的腐蚀坑，且在腐蚀坑的表面覆盖有一层腐蚀产物。水的硬度超标将导致水冷壁的受热面结垢，从而影响水的传热，导致受热面管壁的温度升高，可能引起管子爆裂；将水的 pH 值控制在 $9 \sim 11$，在此范围内水基本对管壁无腐蚀。对于碳钢和 Cr-Mo 钢，当温度大于 300℃ 时，铁作为一种触媒介质，蒸汽在钢管表面与铁作用会产生氢，若流速较低，产生的氢不能被及时带走，容易导致氢脆，同时，流速的降低也易导致管壁温度的升高，使材料的强度降低，所以应控制水的流速。

（2）陶瓷耐火衬里会有效降低钢管表面温度，防止流渣对钢管表面熔蚀和防止钢管表面的氧化、硫化，对水冷壁有保护作用。因此，应重点检验气化炉内的耐火层是否存在大面积剥落、局部剥落以及耐火层损坏部位管壁的厚度、硬度和金相组织等。

7.4.2.3　气化炉激冷区

激冷区是通过 K-1301 循环的洁净合成气（200℃）和氮气吹灰与气化炉中的合成气混合，将气化炉中的 1500~1600℃ 的合成气降低到 900℃ 左右，从而使得熔融态的飞灰固定成固态。在该混合区域，合成气的流动状态较为复杂，由于水冷壁表面没有耐火层保护，合成气对于水冷壁的损害较大。主要的损伤机理为高温氧化、硫化、燃灰腐蚀、磨损和合成气的冲蚀以及耐磨堆焊层的热疲劳等。

（1）高温氧化、硫化、燃灰腐蚀。应严格控制急冷气的进入角度，避免急冷气定向对水冷壁管的冲蚀和固定颗粒磨损。冲蚀和磨损会破坏管子表面的氧化层，高温又会促进氧化速率，从而导致管子壁厚减薄。因此，激冷合成气出口导向隔板是否损坏，合成气出口区域水冷壁壁厚、氧化层厚、硬度、金相组织和管子表面粘结的飞灰等应作为重点检查对象。

（2）耐磨堆焊层热疲劳。氮气吹灰时，氮气的温度较低（200℃），而合成气的温度较高（1500℃），且氮气吹灰是间歇进行的，这种工况会导致吹灰区域堆焊层表面存在较大的温差应力，考虑飞灰也会磨损堆焊层表面，这就很容易在堆焊层表面形成蚀坑——疲劳裂纹源，从而导致表面疲劳裂纹。另外，堆焊层表面与基体水冷壁管存在温差应力，容易引起堆焊层和基体结合面的分层，导致堆焊层剥离。

7.4.2.4　水冷壁

水冷壁有两个方面的作用，其一是冷却合成气，其二是产生中压蒸汽。壳程介质为合成气（900~350℃），管程介质为冷却水（271℃）。

主要的损伤机理为高温氧化、磨损、蠕变、疲劳和垢下腐蚀等。进水分配管可能存在冷却水的氧腐蚀和管内腐蚀情况；磨损可能发生在飞灰正面撞击的换热器对接、镶嵌部位，如合成气流向改变的水冷壁区域（导气管的两端和气体反向室部位）和吹灰区域的水冷壁管；在水冷壁管的 U 形部位，管内氧化物容易沉积，影响冷却水的流通，使得管壁的温度升高，可引起过热，产生形变和鼓包；换热器的对接、镶嵌部位起着导向和承受热膨胀应力的作用，应力集中，容易引起热疲劳、表面裂纹。

7.4.2.5　敲击震动器

敲击震动器主要包括气缸和震动器，主要作用是防止内件集灰，承受定期的震动，容易引起砧座焊缝的热疲劳失效，形成表面裂纹。由于固定支架在运行中的震动，可能导致敲击器与砧板的对中情况发生变化，检查结果应与原来的数据表对照，控制偏移量。

7.4.2.6　合成气冷却器

合成气冷却器的失效形式根据腐蚀机理的不同，腐蚀又可分为苛性腐蚀、氢损害、坑蚀（局部腐蚀）和磨损等。

水和水化学是促使钢管内表面产生腐蚀的主要原因，锅炉管子抵抗腐蚀的能力由水的 pH 值和含杂质数量所决定。高温状态下水作用于钢，会自然地加速生成磁性氧化铁保护层，可防止钢被进一步腐蚀，但该磁性氧化铁保护层并不稳定，当接触到 pH 值高于 5 或低于 12 的含水介质水时，便会被水溶掉，因此如不能保持适宜的 pH 值，将严重腐蚀钢管。

苛性腐蚀是指在给水腐蚀物中所含氢氧化钠被浓缩成高 pH 值时，钢管内表面的磁性氧化铁保护层被溶掉，使金属很快腐蚀的现象。苛性腐蚀形成于积垢下面，一旦积垢内苛性物质浓缩，就会一直发展，直到引起腐蚀，若任其发展，炉管将很快导致穿孔泄漏。积垢沉积与热流量有关，腐蚀垢物多数沉积在管的受热侧，水冷壁管的最高吸热区其积垢最为严重，所以此处垢下腐蚀最为严重。

氢损害引起炉管故障是由于受热面脏污而且炉水呈酸性所致。使管材变脆的原因是在金属晶界间氢与碳结合生成气态甲烷，并在管子内表面快速扩展的过程中，从氢的产生发展到氢损害。氢原子还进入金属组织中与铁的碳化物作用生成甲烷，较大的甲烷分子聚集于晶界间，形成断续裂纹的内部网状组织，该裂纹不断增长并连接起来，造成金属贯穿断裂。

坑蚀（局部腐蚀）是炉管内表面因氧的侵蚀作用造成坑蚀（局部腐蚀）而导致故障。腐蚀是在一个小范围的管壁上发生电池作用，其外围表面为阳极，从而导致炉管腐蚀穿孔。阳极在炉管内存有高酸性或含氧量高的炉水及紧贴在炉管内壁的积垢产生不同浓度的氧的环境下形成且发展。

由于在合成气中夹带有较多飞灰颗粒，在输送合成气时，夹带的高速颗粒会正面或侧面撞击管的表面，使得钢的表面氧化皮被磨损而失去保护作用，导致冷却器换热管壁厚减薄破裂失效。

7.4.3 气化炉的目视检测

7.4.3.1 气化炉的开裂检测

（1）热裙对接焊缝检测。热裙对接焊缝检测时应重视热裙进出口处的对接焊缝，如果在检查过程中发现裂纹，则应考虑在后续检验中对开裂部位及其周围的表面进行无损检测。图7-30、图7-31分别为热裙对接焊缝的裂纹照片。

图7-30　热裙对接焊缝裂纹照片Ⅰ　　图7-31　热裙对接焊缝裂纹照片Ⅱ

（2）烧嘴检测。在烧嘴的内边缘，由于边缘部位冷却水流速较慢，所以内边缘温度偏高，因此存在温差应力，可引起高温硫晶间腐蚀，热疲劳开裂。图7-32为烧嘴罩照片。

（3）急冷平台开裂。急冷平台的热疲劳和冲刷（尤其是平台内圈部位）表现形式为开裂和冲刷沟槽。另外，合成气冷却气进口部位由于受到温差应力，格栅部位易开裂。图7-33为急冷平台照片，图7-34为格栅开裂照片。

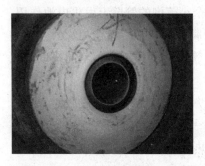

图7-32 烧嘴罩照片

图7-33 急冷平台照片

（4）固定支撑。由于整个内件的质量全部由固定支撑架承担，在热应力和循环力作用下，可导致固定支架的开裂。图7-35为固定支撑照片。

图7-34 格栅开裂照片

图7-35 固定支撑照片

（5）膨胀节的开裂。由于气化炉的高度较高，在开、停工过程中，内件与壳体协调变形，接管的进出口、烧嘴等都要发生相应的协调变形，避免约束应力过大引起开裂。图 7-36 为膨胀节裂纹照片，图 7-37 为接管开裂照片。

图 7-36　膨胀节裂纹照片

图 7-37　接管开裂照片

（6）入口部位和出口椎体部位堆焊层开裂主要由于焊接质量引起，但是一旦发生容易引起堆焊层下腐蚀，产生剥离和层下应力腐蚀开裂。图 7-38 为堆焊层开裂照片。

7.4.3.2　气化炉的腐蚀检测

气化炉的腐蚀有内件腐蚀和壳体腐蚀之分，气化炉的内件由于处于含硫、氢气和灰分的环境中，容易引起高温硫腐蚀和冲刷减薄。因此，在目视检测过程中还要辅助测厚手段进行检测。在容易减薄的部位应打磨处理，去除表面硫化层，仔细检查有无腐蚀。

由于工作壁温高，气化炉的壳体一般不可能积水，因此外部腐蚀也不太可能发生。但是在局部部位尤其是内部龟甲网破损部位和人口部位包含

图 7-38　堆焊层开裂照片

人孔盖以及容易冷凝的连接管口部位应予重视，在目视检测中应对检验中已拆除保温层的部位进行针对腐蚀的目视检测，还可借助测厚和内窥镜进行观察。如发现外部腐蚀，应增大保温层拆除比例，

继续针对腐蚀的目视检测。

（1）环形空间冷凝水腐蚀。在与冷却水连通的环形空间，由于合成气中含有腐蚀性介质，容易引起酸性水腐蚀，尤其是 A1 人孔部位。图 7-39 为环形空间腐蚀照片。

（2）高温硫腐蚀。在含有硫化氢介质的环境，当温度达到一定程度时，会产生高温硫腐蚀，尤其是 A12 人孔区域，支撑垫块整个腐蚀，腐蚀产物主要为硫化铁。图 7-40 为高温硫腐蚀照片。

图 7-39　环形空间腐蚀照片　　　　图 7-40　高温硫腐蚀照片

（3）冲刷腐蚀。正对合成气的连接管线，容易遭受飞灰的冲刷，配合高温硫腐蚀，容易引起减薄，尤其是 A11 人孔十字支架部位和 C 形区域部位。图 7-41 为十字支架部位照片。

（4）人孔部位。由于人孔部位和人口盖容易发生冷凝，形成酸性水腐蚀环境，导致均匀或局部减薄。图 7-42 为人孔盖腐蚀照片。

图 7-41　十字支架部位照片　　　　图 7-42　人孔盖腐蚀照片

7.4.3.3 气化炉的结构检测

检查气化炉的所有导向支架和连接焊缝有无明显的结构位移。如发现明显的位移，则应对间隙尺寸进行测量，并考虑后续表面检测。

检查合成气冷却器连接管是否发生变形，可用钢板尺对变形进行测量。亦应测量合成气冷却器列管之间的间隙变形，测量时需考虑固定关卡。

检查气化炉固定支架的位移和间隙。若位移较大，超过规定尺寸，则应考虑其连接焊缝以及管母材变形。

7.4.3.4 气化炉的保温检测

保温层的目视检测对于气化炉来说是非常重要的，如果保温有损坏或安装质量有问题，极有可能影响气化炉的应力分布，导致开裂。如果保温层损坏，雨水进入保温层内还会大幅提高气化炉发生外部腐蚀的可能性。保温层的目视检测主要是检查保温层是否完好。如发现保温层损坏，应拆除损坏的保温层，对其下的外壁进行针对腐蚀的目视检测。也可考虑进行超声波测厚及表面无损检测。

因为工作时外壁温度很高，雨水溅到外壁上可能引起热冲击，造成应力集中开裂和局部腐蚀，检测时应给于重视。

7.5 焦炭塔的目视检测

7.5.1 概述

延迟焦化是将渣油经深度热裂化转化为气体和烃、中质馏分油以及焦炭的加工过程，是炼油厂提高轻质油采收率和生产石油焦的主要手段。延迟焦化的反应机理与热裂化基本相似，其工艺是将重油（如重油、减压渣油、裂化渣油甚至沥青等）在焦化加热炉中加热到反应温度，在加热炉管中控制原料油基本上不发生裂化反应，而延缓至专设的焦炭塔中进行裂化缩合而成焦炭及其他馏份油。产品中的焦炭可以直接作为商品应用于冶金、印刷、国防等工业领域。

图 7-43 是某焦化装置的照片，图 7-44 是典型的焦化单元工艺流程图。

图 7-43 某焦化装置照片

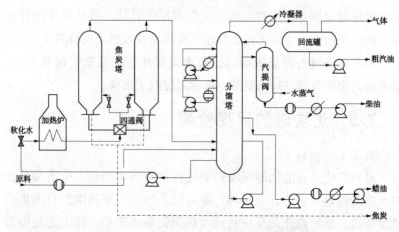

图 7-44 典型的焦化单元工艺流程图

焦炭塔是延迟焦化装置中的核心设备，图 7-45 是它的结构示意图。焦炭塔运行时，在加热炉中加热到 500℃ 左右的重油通过塔底的四通阀从焦炭塔的底部进入塔内，在塔体内进行焦化反应。进入焦炭塔的高温渣油需停留足够长的时间，以便充分进行反应，反应得到的油气从焦炭塔的顶部引出，进入分馏塔分馏，焦化生成的焦炭留在塔内。生焦完成后，用水力除焦器将塔内的焦炭切碎，然后将焦炭从塔底排出，进入焦池成为焦炭产品。

该工艺过程是间歇式操作，一般采用单炉双塔切换流程，其中总有一个塔处于生产状态，另一个塔则处于准备除焦或油气预热阶段。双塔切换可保证装置的连续运行，每个塔的切换周期一般为48h，其中生焦过程约占整个生产周期的一半时间。焦炭塔的操作条件非常苛刻，其特点是工作压力不高（0.3MPa以下），使用温度很高（近500℃），工作过程为每48h完成一次烘塔进料—生焦—冷却—除焦的循环，其间最低温度只有40℃，最

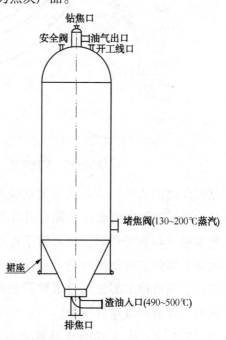

图7-45　焦炭塔结构示意图

高温度近500℃，尤其是进料时，500℃的渣油很快进入预热至250℃的焦炭塔，这时在焦炭塔内外形成极高的温差，温差应力足以使焦炭塔产生局部屈服。兰州石油机械研究所等许多单位用各种方法对焦炭塔进行了温度测试和有限元分析，其结论充分证明了这一点。图7-46是某焦炭塔壁温检测中测得的壁温变化曲线。

焦炭塔在工作中承受的温差疲劳应力是造成焦炭失效的最主要原因。其主要的失效方式为热机械疲劳和蠕变，具体表现形式为塔体鼓凸、倾斜和焊缝开裂，造成焦炭塔的破坏。其裙座焊缝和

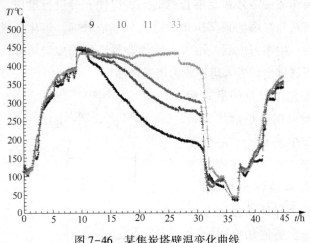

图 7-46　某焦炭塔壁温变化曲线

堵焦阀周围几乎在每一次定期检验中都会发生开裂。除了疲劳破坏之外，渣油中的硫化氢除自身在高温时对塔壁产生腐蚀外，在焦炭塔冷却和切焦时，还可溶于冷焦水，形成湿硫化氢，在常温或焦炭塔停工时使焦炭塔产生应力腐蚀。在部分焦炭塔的定期检验中，其塔体上部发现过塔壁开裂现象，也有焦炭塔上部内不锈钢衬里开裂的报导。

7.5.2　焦炭塔的失效模式及特点

针对性检验的基础是压力容器的失效模式，掌握焦炭塔的失效模式及特点，是提高焦炭塔检验水平的关键，只有全面了解焦炭塔的失效模式及特点，才能有针对性地制定焦炭塔的目视检测方案，只有有针对性的目视检测方案才能保证焦炭塔的检验水平。

根据焦炭塔低压、高温和工作过程的周期性循环特点，在焦炭塔的每一次工作循环中，局部的温差应力都会造成局部材料的屈服。这是焦炭塔与其他压力容器的最大区别，也是焦炭塔检验中应重点考虑的关键因素。

API 571《炼油厂固定设备的损伤机理》给出了焦炭塔可能存在

的损伤机理，即高温硫腐蚀、湿硫化氢损伤（HB/HIC/SOHIC/SSCC）、蠕变/应力开裂、热疲劳、热冲击以及保温层下腐蚀。这些损伤有可能存在的损伤，但是并不是在每一台焦炭塔中都会发生。在焦炭塔定期检验中应重点检查的失效模式如下。

7.5.2.1　开裂

焦炭塔的局部开裂是焦炭塔的主要失效模式之一，开裂主要发生在以下几个方面：

（1）焦炭塔裙座开裂

在每一次焦炭塔的定期检验中几乎无一例外会发现焦炭塔的裙座角焊缝大量开裂，曾有过焦炭塔因裙座焊缝开裂造成焦炭塔倾倒的事故报导。这是因为这些开裂是在焦炭塔工作过程中温差应力造成的热疲劳和热冲击导致的开裂。这种裂纹往往开口很大，仅凭目视检测就能够发现。

（2）堵焦阀焊缝及其周围开裂

堵焦阀焊缝及其周围开裂的原因和裙座焊缝的开裂原因相同，只是部位不同而已。与裙座的开裂情况类似，只要焦炭塔在一次定期检验中发现了堵焦阀周围的开裂，在以后的每次检验中，都会发现开裂现象。近年来许多用户对焦炭塔的工艺过程进行了改造，取消了堵焦阀，解决了这一问题。

（3）焦炭塔塔体焊缝的开裂

理论上焦炭塔塔体焊缝的开裂主要是焊缝内部缺陷扩展、冷却或停工时的应力腐蚀造成的。实际检验中发现，焦炭塔塔体焊缝的开裂非常少见，偶尔出现也主要发生在上部。在焦炭塔的工作过程中，其内壁会形成比较密实的结焦层，结焦层在高温时能保护塔体不受高温硫的腐蚀，在低温时保护塔体不受湿 H_2S 应力腐蚀，因此，结焦层对焦炭塔塔体的腐蚀有很好的保护作用。焦炭塔上部主要为轻组分的含硫油气，对焦炭塔塔体构成腐蚀，所以在定期检验中发现的开裂多在上部。对有不锈钢内衬的焦炭塔，衬里的作用主要是抗高温硫腐蚀，在定期检验中经常会发现其焊缝和热影响区的局部开裂。

7.5.2.2 鼓凸与偏斜

使用多年的焦炭塔都有不同程度的鼓凸和偏斜发生，焦炭塔的鼓凸损伤问题一直为国内外炼油厂所重视，通常发生在焦炭塔堵焦阀所在的筒体、焦炭塔中部筒体、塔顶上封头环焊缝等部位。焦炭塔运行一段时间后，上述部位塔体直径变大，造成塔体局部鼓凸。这些部位的鼓凸是由于交变温差应力产生的热棘轮效应所致，这也是造成焦炭塔失效报废的主要原因之一。研究表明，焦炭塔保温层的设计质量及其均匀程度是影响热棘轮效应的主要因素。目前还有一种观点认为焦炭塔的鼓凸原因是焦炭的线膨胀系数远远小于焦炭塔材料的线膨胀系数，在焦炭塔降温过程中，焦炭将塔体撑鼓所产生的。

由于焦炭塔的鼓凸与偏斜在测量时缺乏基准，目前又无统一的测量标准，很难通过测量结果判断焦炭塔在工作中产生的鼓凸与偏斜到底有多大，这也是焦炭塔检验中的难点之一。

7.5.2.3 材质变异

焦炭塔长期使用在 $400 \sim 475 ℃$ 的高温环境下，早期的焦炭塔制造材料主要为 20G 钢，这种材料的化学成分见表 7-7，临界温度见表 7-8，不同温度的力学性能见表 7-9。

表 7-7 20G 钢的化学成分 %

元素	C	Si	Mn	P	S
质量分数	0.16~0.24	0.15~0.30	0.35~0.65	≤0.040	≤0.045

表 7-8 20G 钢的临界温度 ℃

临界线	A_{c_1}	A_{c_3}	A_{r_1}	A_{r_3}
温度	735	855	680	835

表 7-9 20G 钢不同温度的力学性能

热处理温度	试验温度/℃	R_{eL}/MPa	R_p/MPa	A/%	Z/%
880~920℃ 正火	300	519	206	26.0	66.5
	400	412	196	25.0	75.0
	450	324	172	27.0	76.5
	500	250	167	28.0	76.0

从表 7-9 中可以看出,随着温度的升高,20G 钢的力学性能下降,特别是其高温强度下降明显。焦炭塔塔体长期承受高温(470℃)和应力的作用,其内部组织会发生明显的变化,如出现球化、石墨化倾向,这些变化会降低材料自身的强度和疲劳寿命,也是焦炭塔发生蠕变损伤的主要机理和表现。因此,在焦炭塔的检验中,高温操作条件下焦炭塔筒体材料的损伤和变异是值得注意的一个问题。

7.5.2.4 焦炭塔下塔盖的变形

焦炭塔的下塔盖是焦炭塔的重要部件,在每一次循环中,下塔盖都要打开除焦,除焦后再将下塔盖重新安装。此外,经过预热后热渣油通过下塔盖中心的进料管进入焦炭塔。下塔盖在高温和频繁的操作过程中极易发生变形,导致密封不严,如工作中下塔盖发生泄漏,将造成极其严重的后果。

前已述及,焦炭塔的外部腐蚀是可能存在的损伤模式,但是由于焦炭塔工作过程中塔壁温度很高,保温层下不太可能存水,所以只有在长期停工的状态下才有可能发生焦炭塔外部腐蚀。

7.5.3 焦炭塔的目视检测

7.5.3.1 焦炭塔的开裂检测

参考上一节中介绍的焦炭塔失效模式及特点,根据笔者多年从事焦炭塔检验的经验,焦炭塔目视检测的开裂检测主要有以下几个重点:

（1）检查焦炭塔的所有接管角焊缝，尤其是堵焦阀的接管角焊缝。如果在检查过程中发现裂纹，则应考虑在后续检验中对开裂部位及其周围的表面进行无损检测。

（2）检查焦炭塔裙座角焊缝有无开裂。

（3）用内窥镜检查裙座角焊缝的根部（可见的裙座角焊缝的背面），主要检查其有无开裂。

（4）检查焦炭塔内壁对接焊缝有无开裂，检查的重点是焦炭塔的上部，对于有不锈钢衬里的焦炭塔更应重点检查。图7-47是某焦炭塔不锈钢衬里的裂纹照片。

图7-47 某焦炭塔不锈钢衬里裂纹照片

7.5.3.2 焦炭塔的腐蚀检测

焦炭塔的腐蚀有内部腐蚀和外部腐蚀之分，焦炭塔的内部由于结焦层的保护，腐蚀几乎不可能发生。因此在目视检测过程中主要检查结焦层有无异常。在结焦层有异常的部位应打磨处理，仔细检查有无腐蚀发生，并考虑是否进行超声波测厚和表面无损检测。

由于工作壁温高，焦炭塔的外壁不太可能积水，因此外部腐蚀也不太可能发生。目视检测中应对检验中已拆除保温层的部位和接管部位进行针对腐蚀的目视检测。如发现外部腐蚀，应增大保温层拆除比例，进行针对腐蚀的目视检测。

7. 5. 3. 3　焦炭塔的变形检测

（1）检查焦炭塔的所有接管周围的塔壁有无明显的变形。如发现明显的变形，则应对变形尺寸进行测量，并考虑对其进行超声波测厚。

（2）检查焦炭塔是否发生鼓凸变形，可用钢板尺对鼓凸量进行测量，并考虑是否进行超声波测厚以及对焦炭塔进行强度校核。检查的重点是焦炭塔的裙座以上部位。

（3）焦炭塔偏斜的检测。

（4）焦炭塔的下塔盖的变形检测。如发现焦炭塔下塔盖变形，应考虑对焦炭塔下部锥体和接管进行金相检验。

7. 5. 3. 4　焦炭塔鼓凸和偏斜的全站仪检测

焦炭塔的鼓凸和偏斜是由于焦炭塔工作过程中形成的热冲击和蠕变造成的焦炭塔特有的损伤形式，是影响焦炭塔寿命的最主要因素之一，往往也是焦炭塔淘汰更新的主要原因。但是焦炭塔的鼓凸和偏斜的检测是焦炭塔检验的最大难点。焦炭塔的鼓凸变形可以用钢板尺来测量，但是这种测量精度无法保证，并且局部的测量无法反映焦炭塔整体鼓凸的程度。过去经常采用吊线法和经纬仪进行偏斜的检测，检测精度由于各种因素的影响很难令人信服，此外，由于没有固定的基准点，当次的检测数据与以前的检测数据无法比较，因此检测数据的用处不大。目前，可以利用全站仪对焦炭塔的鼓凸和偏斜进行检测，并且有很好的效果。

全站仪是全站型电子速测仪（Electronic Total Station）的简称。是一种集光、机、电为一体的高技术测量仪器，是集水平角、垂直角、距离（斜距、平距）、高差测量功能于一体的测绘仪器系统。因其一次安置仪器就可完成该测站上全部测量工作，所以称之为全站仪。图 7-48 是全站仪的外形照片。

全站仪由电源部分、测角系统、测距系统、数据处理部分、通讯接口、显示屏、键盘等组成。与光学经纬仪比较全站仪将光学度盘换为光电扫描度盘，将人工光学测微读数代之以自动记录和显示读数，使测角操作简单化，且可避免读数误差的产生。同时增加了激光测距的功能。全站仪的自动记录、储存、计算功能，以及数据通讯功能，进一步提高了测量作业的自动化程度。

应用全站仪测量焦炭塔鼓凸和偏斜时，先将全站仪架设在焦碳塔内，调好全站仪的水平度，通过激光测距光束进行内壁布点测距并同时测角，得到塔内壁各布点的三维极坐标值，即一个空间距离S，一个水平角度值HZ一个铅垂角度V。以全站仪式所在的P点为坐标原点，建立直角坐标系，如图7-49。可以得到各布点（图中A、B、C）的距离L_{PA}、L_{PB}、L_{PC}和3个角度α、β、λ，由此可知A、B、C三点的坐标A $(X_A、Y_A)$、B $(X_B、Y_B)$、C $(X_C、Y_C)$。

由此可计算出圆心O点的坐标O $(X_O、Y_O)$。同时可得到任意点P坐标系与中心点O坐标系的换算关系。根据两坐标系的换算参数，采用极坐标法观测任意目标点M，就可以计算出M点在以O点坐标原点的坐标系中的三维坐标。进而得到这个坐标在以O点为原点的坐标系中的坐标，由足够多的测点可以得到焦碳塔的整体形状。通过整体形状的几何特征，可计算出焦炭塔的鼓凸和偏斜等。

图7-48 全站仪外形照片

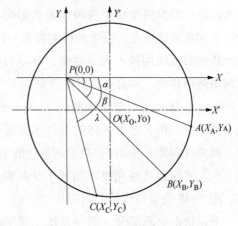

图7-49 鼓凸和变形测量示意图

此种方法的实用性很强，结合计算机软件进行形状拟合，可以大幅提高测量和数据处理的效率。最重要的是此方法克服了其他方法受焦炭塔操作平台影响无法测量其偏斜的缺点。由于焦炭塔发生鼓凸和偏斜是一个缓慢的过程，掌握其原始的形状参数对评定焦炭塔的安全性很重要。因此，没有发生明显的鼓凸和偏斜的焦炭塔也应用此种方法进行测量，做为下一次测量结果比较的基准。图 7-50 是使用全站仪测量得到的某焦炭塔圆度随高度变化的曲线，图 7-51 是使用全站仪测量得到的某焦炭塔直线度随方位变化的曲线。如果焦炭塔发生严重的鼓凸和偏斜，应考虑对焦炭塔进行强度校核。

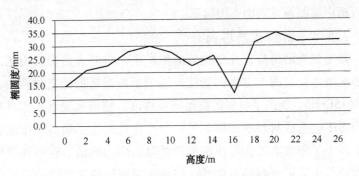

图 7-50　焦炭塔圆度随高度变化的曲线

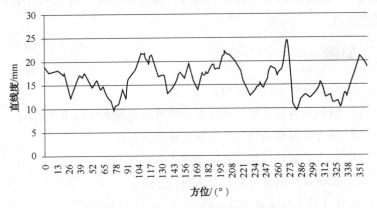

图 7-51　焦炭塔直线度随方位变化的曲线

7.5.3.5 焦炭塔保温层检测

对于焦炭塔而言，保温层的目视检测非常重要。如果保温层有损坏，或安装质量有问题，极有可能影响焦炭塔的热棘轮效应。如果保温层损坏，雨水进入保温层内还会大幅提高焦炭塔发生外部腐蚀的可能性。

保温层的目视检测主要是检查保温层是否完好。如发现保温层损坏，应拆除损坏的保温层，对其下的塔壁进行针对腐蚀的目视检测。由于焦炭工作时塔壁温度很高，雨水溅到塔壁上可能引起热冲击，造成塔壁开裂。因此，应根据目视检测的结果确定是否对塔壁进行超声波测厚及表面无损检测。

7.5.4 新型焦炭塔简介

新型焦炭塔是指近几年建造的焦炭塔，与老式焦炭塔相比，新型焦炭塔主要有两个方面的变化。一个是焦炭塔的建造材料由 20R 改为 15CrMo，提高了材料的高温屈服强度，使得焦炭塔工作时其温差应力不会造成材料的屈服。另一个变化是改变了焦炭塔裙座的形式，减小了焦炭塔工作时裙座部位的温差应力峰值。这两种变化可大幅降低焦炭塔开裂的可能性。但是在对新型焦炭塔的检验中仍然发现了焦炭塔裙座焊缝的开裂现象，虽然开裂的严重程度远小于老式焦炭塔。

习题

1. 检验策略包括哪些内容？

2. 检验员所要了解的压力容器的特点主要有哪几个方面？

3. 压力容器的结构特点包括哪些内容？

4. 压力容器的使用特点包括哪些内容？

5. 检验有效性分为哪几个级别？

6. RBI 的风险定义是什么？

7. 失效后果主要考虑哪 4 个方面？

8. 加氢反应器是哪种工艺装置中的关键设备？

9. 加氢反应器有哪些特点？

10. API 571 中罗列了加氢反应器的几种失效模式？

11. 为防止脆性断裂，热壁加氢反应器开停工时有何要求？

12. 什么是回火脆化？

13. 回火脆化有哪些主要表现特征？

14. 控制回火脆用哪几个系数？

15. 预防加氢反应器连多硫酸应力腐蚀的措施有哪些？

16. 简述冷壁加氢反应器的目视检测特点。

17. 加氢反应器堆焊层目视检测的辅助照明应注意什么？

18. 液化石油气中的有害杂质有哪些？

19. 液化石油气储罐设计压力的确定依据是什么？

20. 为什么液化石油气储罐在运行中内部必须有一定的气相空间？

21. 《容规》中对液化气体的装量系数是怎么规定的？

22. 液化石油气储罐的建造材料在湿 H_2S 环境中主要有哪四种损伤类型？

23. 简述氢鼓包的形成机理及特点。

24. 简述氢诱导开裂（HIC）的形成机理及特点。

25. 简述应力导向的氢诱导开裂（SOHIC）的形成机理及特点。

26. 简述硫化物应力腐蚀开裂（SSC）的形成机理及特点。

27. SSC 的三个要素是什么？

28. 焊后热处理 PWHT 对哪一类型的 H_2S 有好处？

29. 液化石油气储罐的外表面目视检测有哪些观察项目？

30. 液化石油气储罐的内部目视检测有哪些观察项目？

31. 液化石油气储罐的接管与法兰及密封面目视检测有哪些观察项目？

32. 液化石油气储罐的基础与支承的目视检测有哪些观察项目？

33. 液化石油气储罐的安全附件检查有哪些观察项目？

34. 简述气化炉的工艺特点。

35. 气化炉的可能失效机理和损伤模式有哪些？

36. 简述气化炉的损伤模式。

37. 气化炉的目视检测主要有哪几个方面？

38. 简述焦炭塔的工作特点。

39. 焦炭塔的可能失效机理有哪些？

40. 简述焦炭塔的失效模式。

41. 焦炭塔的目视检测主要有哪几个方面？

42. 什么是全站仪？

43. 用全站仪检测焦炭塔的鼓凸和偏斜解决哪些检测难题？

8 受火压力容器的目视检测

8.1 概述

压力容器用户企业的火灾事故时有发生，难以避免。仅石化企业中每年的着火事故就有数百起。图 8-1 是某压力容器用户企业发生火灾事故的照片。

图 8-1 火灾事故现场照片

压力容器用户发生火灾事故后，企业最紧迫的工作就是希望在最短的时间内修复生产装置，尽快恢复生产。这就需要尽量少的更换受火设备，最好能坚持使用到下一个检修周期。但是压力容器在火灾事故中都会受到不同程度的加热及冷却影响，造成不同程度的损伤，检验员对受火后的压力容器进行检验时必须确定受火压力容器的损坏程度以及能否继续使用。

压力容器受火灾影响可能发生可见的结构破坏以及力学性能的显著降低（例如，屈服强度降低或断裂韧性下降），使得压力容器不适合继续服役。因此，必须对受火的容器进行安全性评定。在对其进行安全性评定前，检验员应通过目视检测，迅速将受火范围内的压力容器区分成不可能修复的、需要经过检验才能确定是否可以继续使用的以及简单修复即可继续使用的三种类型。

根据实际经验，火灾后大量的压力容器属于上述第一种类型和第三种类型。因此，受火压力容器类型划分完成后，检验机构就可以将主要力量投入到第二种类型容器的检验中，以提高检验效率，为用户恢复生产节省时间。

8.2　受火压力容器的损伤机理

受火压力容器在火灾事故中由于加热和冷却等温度变化的影响，会产生一定的损伤，这些损伤对受火压力容器的继续安全使用会产生一定的隐患。因此受火压力容器的检验及安全评定应针对这些损伤机理来进行。以下是受火压力容器的各种损伤形式及损伤机理。

（1）可热处理钢的淬硬和回火（如螺栓用钢等）。救火过程中的消防水很可能造成这一结果。图 8-2 为用消防水灭火的火灾现场。

图 8-2　用消防水灭火的火灾现场

（2）碳钢和低合金钢的晶粒长大，软化，松垂（塑性变形）淬硬或韧性损失，如失去正常金相组织。这种现象是受火压力容器常见的损伤形式，是检验的重点之一。图8-3是某企业火灾事故中发生变形的换热器。

图8-3　某企业火灾事故中发生变形的换热器

（3）短期蠕变和蠕变开裂。在火灾期间局部温度可以达到很高，在这一过程中压力容器可能发生蠕变，大多数情况下，这种蠕变是短期的，在今后的使用中不会进一步发展。对容器的影响只是尺寸的变化。但是金相检验中如果已发现蠕变孔洞或裂纹，材料的韧性等力学性能会显著降低，应引起足够的注意。发现蠕变的压力容器能否继续使用，可参考电力工业的相关标准进行评定。

（4）碳钢球化。碳钢的珠光体球化现象也是受火压力容器中常见的材料金相组织变化现象，严重的球化可降低材料的强度和韧性。

（5）不锈钢敏化。奥氏体不锈钢长时间处于敏化温度之间，可引起不锈钢的敏化。对于工作介质有晶间腐蚀倾向的奥氏体不锈钢压力容器，这一点应特别注意。

（6）奥氏体不锈钢或其他奥氏体合金表面的卤化物污染。特别发生在浇湿的保温层下，如果在灭火过程中使用了含盐水，应对设备表面进行渗透检测，有保温层时应完全去除保温层检查。

（7）低熔点相金属腐蚀或开裂。例如熔化的锌滴至奥氏体不锈钢表面，会发生低熔点相金属开裂，其表象是不锈钢的表面开裂。在火灾中，工艺装置中低熔点金属的仪表、附件等熔化后会滴落在压力容器表面，这种情况发生后应引起检验人员的关注，去除滴落的金属，并对表面进行磁粉或渗透检测。

（8）金属过度氧化导致壁厚损失。高温氧化造成的氧化层质地比较紧密，普通的超声波测厚仪有时不能区分，因此需要用专用的可以区分氧化层的测厚仪进行测厚。

（9）垫圈和阀门填料的破坏。

（10）涂层系统破坏，特别是用于保温层下的防腐涂层。

（11）由变形、拘束和失去支撑引起的高残余应力。

（12）由变形和拘束引起的金属开裂。例如冷却器内部元件的拘束引起的焊缝开裂。

（13）冷却通过临界温度范围时某些级别钢种的脆化。这种情况对于低温容器特别重要。

上述失效形式及失效机理大部分无法由目视检测直接判定。但是通过目视检测，可以得到非常重要的判定信息，以确定相关的容器是否需要用其他的检测手段来判定其损伤，需要采用何种检测手段继续进一步检测。可以说以上所列13种失效形式及损伤机理都需要检验员通过目视检测来发现其在火灾事故中发生的可能。

8.3 受火压力容器检验及安全评定流程

对受火压力容器实施目视检测的目的是为了对受火压力容器安全评定提供技术支撑。因此，必须了解受火压力容器检验及评定的内容及流程。

根据我们在压力容器失效分析、安全评定及检验中的经验，参考 API 579《合于使用评定》中的评定方法。按照我国相关标准和规范，我们制定了相应的受火压力容器的检验及安全评定流程。图 8-4 是受火压力容器检验及安全评定的流程图。受火压力容器的检验及安全评定整个工作过程主要有以下 3 个方面。

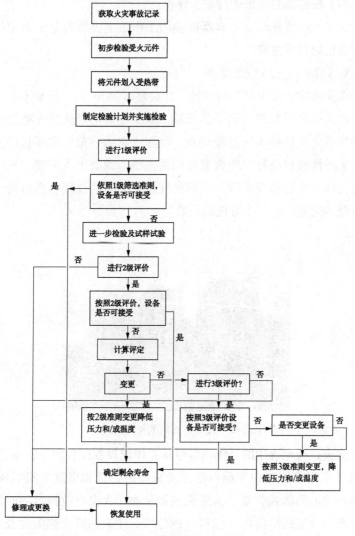

图 8-4　受火压力容器检验及安全评定流程图

（1）对火灾过程及现场进行初步调查，进行目视检测，为受火压力容器划定受热带。

（2）制定不同受热带中的压力容器的检验方案，并实施检验。

（3）根据检验结果进行安全评价。

这里不同于普通压力容器检验的工作最主要的就是为划定受热带而进行的目视检测。

8.3.1 火灾过程调查

在实践中，火灾过后的现场一片狼藉（图8-5），经验不足的检验员进入火灾后的现场会手足无措。根据笔者的经验，火被熄灭后检验员首先应进行火灾过程调查，收集火灾的迹象。主要目的是确定灾害的性质和设备可能恢复使用的范围。调查中主要确定压力容器各元件承受的温度极限、燃料的性质、火源的位置、高温持续时间以及冷却速度这五个方面的内容。

图8-5　大火熄灭后的某火灾现场

火灾过程调查中的具体内容包括：体现设备位置的平面布置图；在设备平面布置图中明确标注主要火源的位置和事故期间的风向；控制事故的消防栓位置、水的流向和种类；火灾事故持续的时间长度；产生火焰的反应物（燃料）的性质，用来估算火焰温度及反应物与压力容器的兼容性；压力容器在事故前和事故中间的温度、压力等参数以及安全阀泄放的数据。

火灾过程调查中，目视检测是一项非常重要的工作。需要检验员具有扎实的目视检测基本功。在现场调查中检验员不能放过任何可能对安全评定有价值的现象，并能够准确地记录下来。

8.3.2 划定受热带

受火压力容器检验及评定工作需要为每个遭受火灾的压力容器定义受热带，以确定需要检验的内容及相应的安全评定方法。

（1）针对压力容器元件建立的受热带由火灾期间的受热温度决定，并且必须建立在现场勘察以及对遭受火灾压力容器的损伤机理认识的基础上。受热带的概念应用于承受某一温度的物理范围，这对快速筛选受火压力容器很有帮助。相邻的压力容器元件可能承受不同的加热程度，因此会有不同级别的损伤，有保温或耐火层的设备会受到较好的保护。

（2）可根据大范围的温度迹象观察结果将受火压力容器划分到相应的受热带。这些观察的基础是温度过高时材料发生状态变化的知识，聚合物与金属的氧化和剥落形式等，熔点、沸点和固相变化等如果适当地解释都是温度迹象。

（3）一个压力容器元件暴露于多个受热带中时，其中最高的受热带用于安全评价。如果调查中收集的信息不能充分地划分某一个元件，则该元件应归于更高一级的受热带。相邻元件因保温和耐火层不同可能承受不同的加热水平。如果一个元件所在位置可能靠近火源，但若其具有保温层时可能相对来说受影响小或甚至不受影响。尽管如此，在划分设备受热带时必须小心谨慎，例如将有保温层的容器的所有部分划入低温受热带是不适当的，因为没有保温的法兰、接管和其他附件已经在火灾中受到加热，应被划入较高的受热带。

（4）对火源的知识可支持受热带的划定。火灾破坏和它的加热极限通常通过燃料源向外和向上延伸。高压燃料源的场合例外，这时火焰喷射或火炬具有很高的方向性。

根据压力容器受火灾的影响程度将它们分别划分为 6 个受热带，分别用罗马数字表示为Ⅰ级、Ⅱ级、Ⅲ级、Ⅳ级、Ⅴ级和Ⅵ级。受热带的定义见表8-1。表8-2~表8-5分别是Ⅲ、Ⅳ、Ⅴ和Ⅵ级受热带对与评价有关的材料的加热影响。

表8-1　火灾评估的受热带定义

受热带/级	描　　述	受热带中对材料的热影响
Ⅰ	火灾中为环境温度，未接触火	—
Ⅱ	环境温度至66℃，接触烟和水	—
Ⅲ	66~204℃，轻度加热	见表8-2
Ⅳ	>204~427℃，中度加热	见表8-3
Ⅴ	≥427~732℃，重度加热	见表8-4
Ⅵ	>732℃，严重加热	见表8-5

表8-2　Ⅲ级受热带（66~204℃）

温度/℃	建造材料	使用形式	热影响
149	醇酸树脂涂料	涂于储罐、结构钢等	颜色改变，表面龟裂
204	环氧聚氨脂	涂于储罐、结构钢等	颜色改变，鼓泡和烧焦
177	人造橡胶、氯丁橡胶	软管、隔膜片、垫圈	软化、融化；部分燃烧、烧焦
260	热固酚醛树脂	玻璃纤维包扎、云母储罐内衬	表面变色；鼓泡
204	纤维腻料	保温防雨涂层	"泥"裂；烧焦

表8-3　Ⅳ级受热带（>204~427℃）

温度/℃	建造材料	使用形式	热影响
232	各种木材	各种用途	烧焦，燃烧
260	机加工或抛光的钢	机械或仪表部件	出现发蓝
388	模铸锌/铝	小阀手柄和仪表零件	融化
421	锌	镀锌	融化

表 8-4　V级受热带（>427~732℃）

温度/℃	建造材料	使用形式	热影响
482	淬火和回火钢	弹簧、紧固件	回火至低强度
538	18-8 不锈钢	容器、管道等	敏化（碳化物 PPT）和抗腐蚀能力降低
593	钢	容器和管道	热变形和蠕变，部分剥落
621	析出硬化不锈钢	机械和阀门	老化——强度下降
649	钢	容器、管道、结构	迅速氧化——严重剥落
695	玻璃	观察窗	融化
704	铜	管束、管道、容器	迅速氧化——变黑

表 8-5　VI级受热带（>732℃）

温度/℃	建造材料	使用形式	热影响
760	钢	容器和管道	铁碳化合物（渗碳体）球化
816	钢	所有形式——低合金更敏感	奥氏体化——缓冷等效于退火，急冷则变硬和变脆
904	锌	钢的镀层	氧化为白色粉沫或升华
1093	铜	管束、管道等	融化
1516	钢	各种	融化

表 8-2~表 8-5 中的内容都需要由目视检测完成。检验员应将火灾范围中的设备按损坏程度及方便检验的原则划分为几个区域，在区域中对照表 8-2~表 8-5 中的内容进行仔细地观察。并详细记录观察结果，作为划分受火带的依据。

应该注意，划定受火压力容器元件受热带的工作，本身就是一种目视检测，只是检测内容不同于本书所讲的压力容器目视检测。表 8-2~表 8-5 中第 4 列的内容是这一部分目视检测的重点。

8.3.3　划定受热带的目视检测工作特点

前面已经提到，划定受火压力容器元件受热带的工作本身就是一种目视检测，但是检测内容具有其自身的特点。

受热带的划定，就是根据火灾现场的各种迹象，判定压力容器元件在火灾中承受的加热温度。表8-2~表8-5中列出了一些可供判定的迹象，检验员的任务就是在火灾现场找出这些迹象，并对压力容器元件在火灾中可能承受的加热温度进行判断。

图8-6~图8-15是某一火灾现场中各种目视检测对象的照片。

图 8-6　下垂的管道

图 8-7　拆除保温后的管道

图 8-8　保留的铭牌

图 8-9　受火后的管道

图 8-10　受火后的球罐

图 8-11　表漆脱落

图 8-12　消防水冲落的保温层

图 8-13　受火的立柱

图 8-14　受火的电器开关

图 8-15　受火的压力表

图 8-16 是火灾中融化的容器表面涂料，在表 8-2 中可查到这里的温度应在 204℃以上。图 8-17 是火灾中熔化的铜，在表 8-5 中可查到这里的温度应在 1093℃以上。

图 8-16　火灾中融化的容器表面涂料

图 8-17　火灾中熔化的铜

8.4　制定后续检验方案

受热带划定之后，根据划定的受热带同时考虑前文所述的受火损伤形式，对每一个遭受火灾的压力容器元件制定相应的目视检测方案以及后续的检验方案。

（1）处于Ⅰ级受热带的容器不需要特别检验。

（2）处于Ⅱ级受热带的容器应进行目视检测，如无异常，可不进行其他的检测项目。

（3）处于Ⅲ级受热带的容器必须进行仔细的目视检测，其中小尺寸接管的变形和附件的情况是检测重点，同时不应忽视对密封元件的检查。

（4）处于Ⅳ级和Ⅴ级受热带的容器是检验的重点。

（5）对于处于Ⅵ级受热带的容器，除非是制造材料特殊，一般应直接报废，无需进行检验。

8.4.1　目视检测的重点数据

对压力容器元件应收集下列数据的检测结果。

（1）筒式容器的半径和周长变化、立式和卧式容器的尺寸外形、壳体和管段的直线度、接管方位、垂直度测量等。这些检测内容要根据容器的具体情况制定相应的目视检测方案，准备相关的检测工具。

（2）目视检测的同时选定测点对母材和焊缝的硬度进行测定。

（3）壁厚测定（第2项和本项不属于目视检测的范围，但是其检测结果对受火压力容器的安全评定非常重要）。

（4）表面裂纹的目视检测。对于受火容器来说，内表面和外表面的裂纹检测同样重要，热胀冷缩因素，灭火使用的介质以及低熔点金属等都可能造成受火容器的局部开裂。目视检测后还应采用诸如磁粉、渗透及其他灵敏度更高的检测方法进行大比例的复查。

（5）目视检测的同时选定现场金相组织检验的测点。

（6）选择被拆除试样的力学性能测定。如相邻的同材质的管道、构架或已决定更换的受火设备等。

（7）设备的尺寸变形、熔化、涂装破坏、保温条件以及围栏结构等相关的表面条件。

其中第 5、第 6 两项针对的是处于Ⅲ级以上受热带的压力容器，尤其是Ⅳ级和Ⅴ级受热带的容器。

8.4.2　受火容器检验说明

受火容器划定受热带后，根据其所属的受热带，进行相应的目视检测后，对选定的受火容器进行全面检验。

（1）压力容器元件经受可引起力学性能改变的高温，可通过实验评估确定材料是否具有原始制造规范规定的强度和韧性（表 8-6 中将给出高温对各种金属力学性能的影响范围）。如果力学性能已经退化，实际的强度和韧性需进行确定，用于变更受影响的元件。（此处变更指相应降低元件的使用压力或使用温度等运行参数，下同。）

硬度测定在评价碳钢和低合金钢抗拉强度方面很有帮助，对于其他材料性能如韧性和延展性等的小范围改变也有帮助，例如可对处于Ⅰ级到Ⅳ级受热带区域的碳钢压力容器进行硬度测定，这些结果可与暴露于更高温度的Ⅳ级和Ⅴ级受热带的材料硬度测定结果进行比较。

硬度测定有时可给出韧性损失的指示，但是由于硬度和韧性之间没有直接的对应关系，并不可靠。由低于极限温度下限（碳钢约为 718℃）的温度造成的材料软化，通常仅仅引起用于压力容器元件的材料韧性的很小变化。因此对低于该极限的温度通常不予考虑。相反，高于下限温度的加热引起的相变可显著影响韧性。其韧性与加热时间，材料温度水平，特别是冷却速度有关。压力容器元件在前面的加热条件下可以有相同的或不同的硬度。在这种场合中韧性的退化不能由硬度测定结果推断，如果在一个元件上进行多点（如网格法）硬度测定具有更好的机会监测这一现象。高于温度下限的加热区域常常是显示低硬度的回火区域的边缘，所以引起不规则的硬度分布。在这种场合中需要用现场金相、取样力学性能试验或其他方法对韧性进行评估。

现场金相或复膜可用于具有超标硬度值的压力容器元件表面，无论硬度高或低。对于要求具有某种金相微观组织的材料，也必须进行现场金相或复膜。现场金相或复膜也可应用于怀疑受火灾加热影响的局部取样区域，如果可能，可将这些组织与暴露于火焰中的组织进行比较。

如果硬度测定结果和现场金相不能确定已检测的碳钢或低合金钢设备力学性能是否下降，则应考虑从元件上取样，做破坏性试验评估。破坏性试验评估应包括拉伸试验、韧性试验（或夏比冲击试验）以及迎火面和横截面的金相检验。

（2）应对处于Ⅲ级受热带的所有设备进行硬度测定，评估其火灾后的材料强度。进行现场硬度测定时应将读数区域的金属表面打磨约 0.5mm 以去除氧化皮及表面渗碳层和脱碳层。

（3）处于Ⅳ级或以上受热带中的压力容器在恢复服役前应考虑泄漏试验。容器在受热过程中会造成密封材料的性能改变，同时还会引起密封面的变形。因此，泄漏试验对处于Ⅳ级或以上受热带中的压力容器是非常必要的。

8.5　评定方法和准则

受火压力容器的评定分为 3 级评定，评定程序的流程参见本章图 8-4。其中 1 级评定是一个筛选准则，受火压力容器能否继续服役取决于划定的受热带和被评定元件的材质。筛选准则是保守的，不需要通过计算确定继续服役的适用性。

2 级评定根据给出的受火元件材料强度评估方法，提供了一个更好的结构完整性估算。评定程序包括对火灾导致的裂纹和壳体变形的评定。这些评定一般用于经受Ⅴ级或更高受热带的元件，或者目视检测记录有尺寸变化的元件。如果使用2级评定建立的简化的应力分析和元件实际材料强度导致不可接受的评价结果，则可利用3级评定。

精确的应力分析、现场金相或取样试验可用于3级评定以削减2级评定中的保守程度。

8.5.1 1级评定

1级评定主要是收集并整理观察结果和数据用于判断划定受热带。压力容器元件如划入力学性能和元件尺寸不发生改变的受热带，则继续服役的适用性无须进一步评估。针对压力容器材质遵循的可接受的1级评定见表8-6。

表 8-6 压力容器元件材质受热带影响范围

材料类别	压力容器元件的常用牌号	满足1级评定准则的受热带级别/级
碳素结构钢、低合金结构钢	Q195、Q215、Q235、Q255、Q275 10号、15号、20号、25号、30号、35号、45号 15Mn、20Mn、30Mn、20CrMo、35CrMo、40Cr	I、II、III、IV
锅炉、压力容器用钢板、钢管和锻件及配件	20g、22g、12Mng、16Mng、15MnVg、14MnMoVg、18MnMoNbg 20R、16MnR、15MnVR、18MnMoNbR、13MnNiMoNbR、15CrMoR 10号、20号、20G、15CrMoG、12Cr1MoG、12Cr2MoG、1Cr19Ni9 20号、35号、16Mn、15MnV、20MnMo、20MnMoNb、15CrMo、35CrMo、12Cr1MoV、	I、II、III、IV
低温用钢板和锻件及配件	16MnDR、15MnNiDR、09MnNiDR、09Mn2VDR、07MnNiCrMoVDR 20D、16MnD、09MnNiD、16MnMoD、20MnMoD、08MnNiCrMoVD、10Ni3MoVD 12CrMo、15CrMo、12Cr2Mo1、1Cr5Mo、1Cr9Mo1	I、II、III、IV

材料类别		压力容器元件的常用牌号	满足1级评定准则的受热带级别/级
铁素体不锈钢钢板、钢管和锻件及配件		0Cr13、0Cr13Al、0Cr17、1Cr17	Ⅰ、Ⅱ、Ⅲ、Ⅳ
马氏体不锈钢钢板、钢管和锻件及配件		1Cr13、2Cr13	Ⅰ、Ⅱ、Ⅲ、Ⅳ
奥氏体不锈钢钢板、钢管和铸锻件及配件		0Cr18Ni10、1Cr18Ni9、00Cr19Ni11 0Cr18Ni9Ti、1Cr18Ni9Ti、0Cr18Ni11Ti、0Cr18Ni11Nb 0Cr19Ni9N、0Cr19Ni10NbN、00Cr18Ni10N 0Cr17Ni12Mo2、0Cr18Ni12Mo2Ti、00Cr17Ni14Mo2N 0Cr23Ni13、0Cr25Ni20	Ⅰ、Ⅱ、Ⅲ、Ⅳ
双相不锈钢钢板、钢管和锻件及配件		2205、2507、0Cr26Ni5Mo2、00Cr24Ni6Mo3N （UNS S31803，UNS J92205） （2507-UNS S39275）	Ⅰ、Ⅱ
耐热合金	铁基	1Cr13、0Cr18Ni10、0Cr18Ni11Nb、0Cr18Ni11Ti、0Cr17Ni12Mo2、0Cr25Ni20、17-4PH、17-7PH	Ⅰ、Ⅱ、Ⅲ、Ⅳ
	镍基	Incoloy800、Incoloy800H、Incoloy825 Hastelloy B、Hastelloy C、HastelloyC-276 Inconel600、Inconel625、Inconel671	Ⅰ、Ⅱ、Ⅲ、Ⅳ
耐蚀合金		Monel400	Ⅰ、Ⅱ、Ⅲ
		Ni200、Ni201 Inconel600、Inconel625、Inconel671 Incoloy800、Incoloy801、Incoloy825 Hastelloy B、Hastelloy C、HastelloyC-276	Ⅰ、Ⅱ、Ⅲ、Ⅳ
铜及铜合金板材、管材和铸件		紫铜、黄铜、青铜	Ⅰ、Ⅱ
铝和铝合金板材、管材和铸件		工业纯铝、防锈铝、锻铝	Ⅰ、Ⅱ

受火压力容器元件材料满足表 8-6 中给出的受热带，则满足 1
级评定，不需要通过计算或试验就可确定它们可以继续服役。如果
压力容器元件不能满足 1 级评定，应考虑以下措施及其组合：修理、
更换或停用元件；进行 2 级或 3 级评定。

8.5.2 2 级评定

未通过 1 级评定的压力容器承压元件可使用 2 级评定进行继续
评定。这个评定应考虑本章第 8.2 节所述受火压力容器的损伤模式。

（1）评价的第一步是对压力容器元件进行尺寸检查。设备偏斜
引起的容器质量偏心可导致容器附加弯曲应力并增加基础螺栓的载
荷。因此，应通过铅垂面对立式设备进行倾斜测量。严重松垂可在
卧式压力容器鞍座位置引起局部应力增加，故应通过水平面对卧式
压力容器进行松垂测量。

（2）硬度测定用来估算受火压力容器元件的抗拉强度。该信息
用于确定可接受的最高工作压力。进一步的评估需要根据局部减薄、
壳体变形以及蠕变来评价特定的损伤。

（3）发生尺寸变化的压力容器元件必须进行附加评估。

下列程序可用来评估火灾中怀疑力学性能退化的碳钢或低合金
钢制压力容器承压元件。

第一步：如果元件材质为碳钢或低合金钢，那么对元件进行硬
度测定并利用相应标准中的硬度与抗拉强度换算关系（此关系将在
另文中描述）将硬度值换算为抗拉强度。

第二步：根据第一步中确定的抗拉强度使用以下公式确定受火
元件的许用应力。

$$[\sigma]_c^t = \min\left\{\left[0.25\,\sigma_b^c\left(\frac{[\sigma]^t}{[\sigma]}\right)\right],\ [\sigma]^t\right\}$$

式中　$[\sigma]_c^t$——受火材料的许用应力，MPa；

　　　$[\sigma]^t$——原设计规范或标准中的常温许用应力，MPa；

$[\sigma]$——原设计规范或标准中在规定使用温度下的许用应力，MPa；

σ_b^c——根据硬度测定结果由第一步得出的抗拉强度，MPa。

第三步：使用第二步中得到的许用应力和相关设计标准中的公式计算可接受的最高允许工作压力。

第四步：如果存在下列损伤形式，应对可接受的最高允许工作压力做出进一步修正。

① 均匀减薄或局部减薄；

② 点蚀；

③ 鼓包和分层；

④ 包括不圆度、凸起的壳体变形；

⑤ 开裂缺陷。

第5步：评估压力容器元件的蠕变破坏。一般火灾中经受高温的元件并不发生明显的蠕变破坏，因为高温下的时间很短，明显的蠕变及相关破坏不能积累。

（4）评价中应考虑的其他影响因素包括：①压力容器内件在火灾中可能承受大温差，因此应检验平板表面和内件焊缝的开裂，工艺介质的冷却可引起壳体与内件之间的很大温差，当内件材料热膨胀系数与壳体材料热膨胀系数明显不同时，该检验特别重要（如奥氏体不锈钢内件焊在碳钢壳体上）；②应评价压力容器元件服役中耐腐蚀能力的变化；③由垂直度、松垂、局部壳体变形可引起局部积液（或积水），导致加速腐蚀或产生操作问题。

（5）由于受热有可能得到类似焊后热处理的有益影响（消除应力）。按原始制造规范（基于壳体厚度）或适应环境（如碳钢在碱脆和湿 H_2S 开裂环境）已进行焊后热处理的承压元件，需要评估焊后热处理的效果是否被损害。

对于碳钢，通常会产生消除残余应力的效果，有时也会消除微观硬化层或改进韧性。救火中的变形和（或）淬硬可使元件产生不利于环境开裂的高残余应力。

对于低合金钢，结果通常是力学性能退化。初始焊后热处理的目的是消除焊接残余应力，降低材料微观组织硬度，改进材料韧性。受热可使元件材料中产生非常硬或脆的金相组织，它的存在可引起早期失效。

（6）如果不满足 2 级评定的要求，可考虑下列工作及其组合。

① 元件的修理、更换或停用；

② 应用补救技术调整腐蚀裕量；

③ 进行附加检查调整焊缝系数 E，并重新评定和（或）执行 3 级评定。

8.5.3　3 级评定

如果受火灾元件不满足 1 级或 2 级评定准则，可进行 3 级评定。通常因以下原因进行 3 级评定：

（1）2 级评定中简化的应力分析方法通常不能充分地代表元件的实际条件。许多场合中，元件可能严重变形或壳体在主结构不连续处局部变形。在这些场合中，可在评估中采用应力分析方法。

（2）由于硬度测试建立的材料强度可能偏于保守从而产生过低的可接受的最高工作压力。现场金相或材料取样试验可更好的估算材料强度。

在压力容器用户企业中，着火事故时有发生，对受火压力容器的检验评定而言，在国内还没有非常成熟的做法。大多数受火压力容器的评定工作都是由用户决定不进行设备更换后才进行。因此，受火设备的更换与否往往带有较大程度的盲目性，也很难系统、完整地对受火设备进行评定。

应用本章所述的方法对受火压力容器进行检验和评定，可大幅提高确定受火压力容器是否更换的效率，并可最大限度地减少压力容器的更换数量，极大地缩短用户的抢修周期，为用户带来显著的经济效益。

习题

1. 检验员对火灾后的压力容器进行检验时必须确定受火压力容器的哪些内容？

2. 检验员应该能够通过目视检测，快速地将受火范围内的压力容器区分成哪3种类型？

3. 受火压力容器有哪些损伤机理？

4. 简述受火压力容器的损伤机理。

5. 在受火压力容器的13种损伤机理中，任选3种，说明目视检测与它们的关系。

6. 概括受火压力容器检验及安全评定工作流程中主要有哪3个方面？

7. 火灾过程调查中主要确定哪5个方面的内容？

8. 火灾过程调查中的具体工作主要包括哪几个内容？

9. 划定受热带的工作有几个要点？

10. 简述划定受热带的4个工作要点。

11. 容器受火灾的影响划分为几个受热带？它们如何表示？

12. 各受热带在火灾中承受的温度分别是多少？

13. 简述检验员应该怎样确定某一个容器元件的受热带。

14. 简述划定受热带的目视检测如何进行。

15. 简述划定受热带的目视检测的对象及观察迹象。

16. 分别叙述处于各个受热带的容器元件应如何考虑后续检验。

17. 处于哪一级或以上受热带中的压力容器在恢复服役前应考虑泄漏试验？为什么？

参 考 文 献

[1] TSG R7001—2013,压力容器定期检验规则[S].

[2] 王纪兵. 压力容器目视检测技术基础[M]. 北京:中国石化出版社,2012.

[3] TSG R0004—2009,固定式压力容器安全技术监察规程[S].

[4] GB 150—2011,压力容器[S].

[5] 中华人民共和国主席令 第4号,2013-06-29. 中华人民共和国特种设备安全法 [S].

[6] TSG R0001—2004,非金属压力容器安全技术监察规程[S].

[7] TSG R0002—2005,超高压容器安全技术监察规程[S].

[8] TSG R0003—2007,简单压力容器安全技术监察规程[S].

[9] TSG R0005—2011,移动式压力容器安全技术监察规程[S].

[10] TSG R0009—2001,车用气瓶安全技术监察规程[S].

[11] GB/T 151—2014,热交换器[S].

[12] GB 12337—1998,钢制球形储罐[S].

[13] GB/T 19624—2004,在用含缺陷压力容器安全评定[S].

[14] JB/T 4710—2005,钢制塔式容器[S].

[15] JB/T 4731—2005,钢制卧式容器[S].

[16] JB 4732—1995,钢制压力容器——分析设计标准[S].

[17] NB/T 47013.7—2011,承压设备无损检测 第7部分:目视检测[S].

[18] NB/T 47013.8—2011,承压设备无损检测 第8部分:泄漏检测[S].

[19] NB/T 47013.9—2011,承压设备无损检测 第9部分:声发射检测[S].

[20] NB/T 47013.10—2010,承压设备无损检测 第10部分:衍射时差法超声检测[S].

[21] SY/T 6507—2010,压力容器检验规范 在役检验、定级、修理和改造[S].

[22] SY/T 6552—2011,石油工业在用压力容器检验[S].

[23] SY/T 6653—2006,基于风险的检查(RBI)推荐作法[S].

[24] GB 713—2008,锅炉和压力容器用钢板[S].

[25] HG/T 20584—2011,钢制化工容器制造技术要求[S].

[26] HG 21607—1996,异形筒体和封头[S].

[27] JB/T 4700—2000,压力容器法兰分类与技术条件[S].

[28] GB 19189—2003,压力容器用调质高强度钢板[S].

[29] SH/T 3074—2007,石油化工钢制压力容器[S].

[30] HG/T 2806—2009,奥氏体不锈钢压力容器制造管理细则[S].

[31] GB/T 18442.4—2011,固定式真空绝热深冷压力容器 第4部分:制造[S].

[32] SH/T 3512—2002,球形储罐工程施工及工艺标准[S].

[33] GB/T 25198—2010,压力容器封头[S].

[34] HG/T 20583—2011,钢制化工容器结构设计规定[S].

[35] JB/T 4746—2002,钢制压力容器用封头[S].

[36] 国质检锅[2003]194号,锅炉压力容器制造许可条件[S].

[37] JB/T 4708—2000,钢制压力容器焊接工艺评定[S].

[38] JB/T 7949—1999,钢结构焊缝外形尺寸[S].

[39] JB/T 4736—2002,补强圈[S].

[40] JB/T 4730.3—2005,承压设备无损检测 第3部分:超声检测[S].

[41] JB/T 4712.1~4712.4—2007,容器支座[S].

[42] HG 20536—1993,聚四氟乙烯衬里设备[S].

[43] HG 20677—1990,橡胶衬里化工设备[S].

[44] HG 2432—2001,搪玻璃设备技术条件[S].

[45] GB 50474—2008,隔热耐磨衬里技术规范[S].

[46] GB 26501—2011,氟塑料衬里压力容器 通用技术条件[S].

[47] HG/T 20671—1989(2009),铅衬里化工设备[S].

[48] JB/TQ 267—1981,铬镍奥氏体不锈钢塞焊衬里设备技术条件[S].

[49] BCEQ—9314/A1,压力容器内部双层堆焊(E309L+E347)技术条件[S].

[50] 70B119—2000,耐腐蚀层堆焊技术条件[S].

[51] EJ/T 1027.8—1996,压水堆核电厂核岛机械设备焊接规范 镍基合金耐蚀堆焊[S].

[52] JB/T 74—1994,管路法兰 技术条件[S].

[53] GB/T 5779.1—2000,紧固件表面缺陷 螺栓、螺钉和螺柱 一般要求[S].

[54] JB/T 4711—2003,压力容器涂敷与运输包装[S].

[55] GB 10561—2005,钢中非金属夹杂物显微评级方法[S].

[56] API 581,基于风险的检验[S].

[57] API 571,炼油厂固定设备的损伤机理[S].

[58] API 579,合于使用评价[S].

[59] ASME B&PV 规范 第Ⅷ篇 第1部分 容器设计[S].

[60] ASME B&PV 规范 第Ⅷ篇 第2部分 容器设计[S].

[61] ASME B31.3,工艺管道[S].

[62] DL/T 940—2005《火力发电厂蒸汽管道寿命评估技术导则》[S].

[63] GB/T 2039—2012《金属材料 单轴拉伸蠕变试验方法》[S].

[64] DL/T 652—1998《金相复型技术工艺导则》[S].

[65] GB/T 13298—1991《金属显微组织检验方法》[S].

[66] ASME 第Ⅴ卷 无损检测[S].

[67] GB 11533—2011,标准视力对数表[S].

[68] 王玮,王春生,王忠,等.液化气球罐氢致开裂及修复[J].石油化工设备.1999,28(5):48-50.

[69] 王纪兵,李军,张玉福.压力容器检验及无损检测[M].北京:化学工业出版社,2006.

[70] NACE RP 0170,奥氏体不锈钢和其他奥氏体合金在炼油设备停机期间连多硫酸应力腐蚀开裂的防护[S].

[71] API RP 941,适用于石油精炼厂和石化厂高温和高压氢气工况的钢[S].

[72] NACE RP0472—2005,炼油厂腐蚀环境中碳钢缝环境开裂的预防及控制[S].

[73] NACE X194—2006,湿 H_2S 环境新压力容器的材料与制造[S].

[74] 宋文明,刘婷婷,陈晓林,等.壳牌煤气化装置气化炉安全隐患及其分析[J].石油化工设备,2012,41(2):97-99.

[75] 宋文明,薛小强,杨贵荣,等.壳牌气化炉失效特性分析[J].化学工程,2013,(6).

[76] 宋晓江,王春生,宣培传,等.焦炭塔温度场及热应力场的有限元计算[J].石油化工设备.2007,36(2):32-36.

[77] 张玉福,贾振柱,金玉琴,等.焦炭塔疲劳寿命评估[J].石油化工设备.2003,32(5):11-13.

[78] 王纪兵,张斌,张金伟,等. 受火压力容器的检验与安全评定[J]. 石油化工设备,2009.38(2):70-76.

[79] 刘光林,李武荣,王纪兵,等. 催化裂化装置立式加热炉炉管评定[J]. 石油化工设备,2007,36(2):92-95.